高等院校海洋科学专业规划教材

结晶学与矿物学实验

Experiments of Crystallography & Mineralogy

徐莉　梁业恒　付宇◎编著

 中山大学出版社
SUN YAT-SEN UNIVERSITY PRESS
·广州·

内容提要

本书是以最新制订的教学大纲为依据，为高等院校海洋科学专业编写的一本实验教材。本教材分结晶学及矿物学两部分，共收编了 18 个实验，每个实验理论与实践结合。本书适合高校有关专业作教材使用。

图书在版编目（CIP）数据

结晶学与矿物学实验/徐莉，梁业恒，付宇编著. —广州：中山大学出版社，2019. 2

（高等院校海洋科学专业规划教材）

ISBN 978 - 7 - 306 - 06289 - 5

Ⅰ. ①结…　Ⅱ. ①徐…　②梁…　③付…　Ⅲ. ①晶体学—实验—高等学校—教材 ②矿物学—实验—高等学校—教材　Ⅳ. ①O7 - 33 ②P57 - 33

中国版本图书馆 CIP 数据核字（2018）第 016768 号

Jiejingxue Yu Kuangwuxue Shiyan

出 版 人：王天琪

策划编辑：李　文

责任编辑：李　文

封面设计：林绵华

责任校对：付　辉

责任技编：何雅涛

出版发行：中山大学出版社

电　　话：编辑部 020 - 84110771，84113349，84111997，84110779
　　　　　发行部 020 - 84111998，84111981，84111160

地　　址：广州市新港西路 135 号

邮　　编：510275　　　　传　　真：020 - 84036565

网　　址：http://www.zsup.com.cn　　E-mail：zdcbs@mail.sysu.edu.cn

印 刷 者：广州家联印刷有限公司

规　　格：787mm×1092mm　　1/16　　8 印张　　200 千字

版次印次：2019 年 2 月第 1 版　　2019 年 2 月第 1 次印刷

定　　价：40.00 元

总　序

　　海洋与国家安全和权益维护、人类生存和可持续发展、全球气候变化、油气和某些金属矿产等战略性资源保障等息息相关。贯彻落实"海洋强国"建设和"一带一路"倡议，不仅需要高端人才的持续汇集，实现关键技术的突破和超越，而且需要培养一大批了解海洋知识、掌握海洋科技、精通海洋事务的卓越拔尖人才。

　　海洋科学涉及领域极为宽广，几乎涵盖了传统所熟知的"陆地学科"。当前海洋科学更加强调整体观、系统观的研究思路，从单一学科向多学科交叉融合的趋势发展十分明显。在海洋科学的本科人才培养中，如何解决"广博"与"专深"的关系，十分关键。基于此，我们本着"博学专长"的理念，按照"243"思路，构建"学科大类→专业方向→综合提升"专业课程体系。其中，学科大类板块设置基础和核心2类课程，以培养宽广知识面，让学生掌握海洋科学理论基础和核心知识；专业方向板块从第四学期开始，按海洋生物、海洋地质、物理海洋和海洋化学4个方向，进行"四选一"分流，让学生掌握扎实的专业知识；综合提升板块设置选修课、实践课和毕业论文3个模块，以推动学生更自主、个性化、综合性地学习，提高其专业素养。

　　相对于数学、物理学、化学、生物学、地质学等专业，海洋科学专业开办时间较短，教材积累相对欠缺，部分课程尚无正式教材，部分课程虽有教材但专业适用性不理想或知识内容较为陈旧。我们基于"243"课程体系，固化课程内容，建设海洋科学专业系列教材：一是引进、翻译和出版 Descriptive Physical Oceanography：An Introduction（6 ed）（《物理海洋学·第6版》）、Chemical Oceanography（4 ed）（《化学海洋学·第4版》）、Biological Oceanography（2 ed）（《生物海洋学·第2版》）、Introduction to Satellite Oceanography（《卫星海洋学》）等原版教材；二是编著、出版《海洋植物学》《海洋仪器分析》《海岸动力地貌学》《海洋地图与测量学》《海洋污染与毒理》《海洋气象学》《海洋观测技术》《海洋油气地质学》

等理论课教材；三是编著、出版《海洋沉积动力学实验》《海洋化学实验》《海洋动物学实验》《海洋生态学实验》《海洋微生物学实验》《海洋科学专业实习》《海洋科学综合实习》等实验教材或实习指导书，预计最终将出版 40 余部系列教材。

　　教材建设是高校的基础建设，对实现人才培养目标起着重要作用。在教育部、广东省和中山大学等教学质量工程项目的支持下，我们以教师为主体，及时地把本学科发展的新成果引入教材，并突出以学生为中心，使教学内容更具针对性和适用性。谨此对所有参与系列教材建设的教师和学生表示感谢。

　　系列教材建设是一项长期持续的过程，我们致力于突出前沿性、科学性和适用性，并强调内容的衔接，以形成完整知识体系。

　　因时间仓促，教材中难免有所不足和疏漏，敬请不吝指正。

《高等院校海洋科学专业规划教材》编审委员会

前　　言

结晶学与矿物学是地质学重要的专业基础课，已成为晶体光学、光性矿物学、岩石学、矿床学、地球化学、矿物材料学、环境地质学等最重要的基础学科，甚至也是地层学、构造地质学、采矿、选矿、冶金学和其他相关学科的基础。结晶学与矿物学内容庞杂，学生既需要掌握基本理论知识，又需要在深入掌握理论知识的基础上，具有鉴别矿物的基本技能。结晶学部分是空间概念多、抽象思维强的课程，矿物学部分则是一门对种类繁多的矿物种进行分类、归纳、对比、分析的课程。因此，结晶学与矿物学的学习，需要有一个相对抽象的理论知识学习到非常具体的实践认识，然后再联系理论加深认识的这样一个学习过程。本实验教材以理论联系实际的原则，将重点的理论知识与具体的实验现象结合起来，有助于学生更好地掌握该课程的知识。

本实验教材根据多年的教学积累，同时参阅了大量的专业教材及最新研究成果等编写而成，分为结晶学及矿物学两大部分。结晶学部分在总结概括基础理论知识的基础上，突出了对学生实操和课堂分组讨论的要求，矿物学部分在总结重点理论知识的基础上，配以大量各种现象特征明显的矿物照片，以弥补实验室矿物种类少、数量有限及现象特征不太明显等不足。

本实验教材是在学习总结了许多前辈的经验知识的基础上完成的，主要由梁业恒讲师、徐莉副教授、付宇副教授总结编写。书中矿物图片资料大部分拍摄于中山大学地学中心矿物实验室、桂林理工大学矿物实验室、第四届中国（湖南郴州）国际矿物宝石博览会、广东省博物馆、陕西自然博物馆、桂林福云矿鑫地质博物馆、桂林邹耀耀矿物奇石标本有限公司。桂林理工大学的张良钜教授、雷威副教授、李东升老师，中山大学的张华老师、刘亚婷老师、芦阳博士、黎文浩同学等在图片的拍摄过程中给予了大量的帮助。中山大学孙晓明教授、深圳职业技术学院胡楚雁副教授、中山大学张恩副教授等不仅为本教材提供了很多珍贵的图片资料，还给本教材提出了宝贵的意见及建议，在此一并表示诚挚的谢意！此外，还有一些图片来自互联网网站，如中国地质博物馆、中国地质大学逸夫博物馆、中国东海水晶博物馆、百度等网站，在此向原作者表示感谢。由于编者水平有限、经验不足，书中难免有错漏之处，敬请读者批评指正。

本书的出版得到中山大学校级课程教学团队建设项目"结晶学与矿物学课程教学团队（编号 42000 – 16330002，42000 – 18822505）"、"晶体光学实验课程教学改革（编号 42000 – 16310003）"及国家自然科学基金 – 青年基金（编号 41402059）的资助，特此表示感谢！

编著者

2019 年 2 月

目　　录

实验一　空间格子与晶体的投影

一、目的和要求

1. 理解晶体的性质，了解空间格子要素。
2. 理解面角恒等定律，了解晶体测量的方法。
3. 掌握吴氏网在晶体投影中的使用。

二、理论知识要点

1. 晶体与非晶体，空间格子

晶体是内部质点在三维空间呈周期性重复排列的固体，或者概括地说，晶体是具有格子状构造的固体。非晶体则是指结构无序或者近程有序而长程无序的固体物质，组成物质的分子（或原子、离子）不呈空间有规则周期性排列的固体。

晶体结构中物质环境和几何环境完全相同的点，称为等同点（或称相当点）。其中的每个点也只是一个纯粹的几何点，这种点称为结点。由结点在三维空间作周期性重复排列后形成的无限图形，即称之为空间格子。空间格子的特点：

（1）结点。空间格子中的结点代表晶体结构中的等同点。但就其本身而言，它们仅仅是标志等同点位置的一些抽象的几何点，本身并不等于实际的质点。

（2）行列。空间格子中由结点组成的直线，称为行列。显然，空间格子中任意两个结点就能决定一条行列。每一行列各自都有一个最小的结点重复周期，它等于行列上两个相邻结点间的距离，简称结点间距。在空间格子中，有无数不同方向的行列。

（3）面网。连接空间格子中分布在同一平面内的结点，即构成一个面网。显然，任意两个行列相交，就可决定出一个面网。在空间格子中，可有无数不同方向的面网。相互平行的面网，其单位面积内的结点数——面网密度相等。在相互平行的众多面网中，任意两个相邻面网的垂直距离——面网间距都相等，不平行的面网，其面网密度和面网间距一般都不相等。面网密度大的面网之间，其面网间距也大；反之，面网密度小的，其面网间距也小。

2. 面角恒等定律以及晶体测量的方法

成分和结构均相同的所有晶体，不论它们的形状和大小如何，一个晶体上的晶面夹角与另一些晶体上相对应的晶面夹角恒等。夹角恒等，当然面角也恒等。同种晶体间表现在面角上的这种关系，即称为面角恒等定律。

晶体测量又称测角法。根据测角的数据，进一步通过投影，可以绘制出晶体的理想形态图。在这一过程中还可以计算晶体常数、确定晶面符号。同时，还可以观察和研究晶面的细节（微形貌）。晶体测量是研究晶体形态的一种最重要的基本方法。为了便于投影和运算，一般所测的角度，不是晶面的夹角，而是晶面的法线间角（晶面夹角的补角），此角度称为面角。

晶体测量使用的仪器有接触测角仪和反射测角仪两类。接触测角仪的结构颇为简单，它包括两个部分：一部分为半圆仪，上面有分成180°的刻度；另一部分为直臂，固定于半圆仪的圆心，并可以自内旋转。测量晶体时，把半圆仪的底边和直臂与欲测的两个晶面靠紧，并使此二晶面所交的晶棱与测角仪的平面垂直，此时即可在半圆仪上读得该二晶面的面角数据。此种仪器使用很简便，但精度较差，且不适于测量小晶体。反射测角仪，根据晶面对光线反射的原理制成，可分为单圈反射测角仪与双圈反射测角仪两种。

3. 吴氏网

吴氏网是以包含某一经线大圆的平面作为投影面，赤道上距该经线为90°的点作为视点，进行极射赤平投影时，得到的极式极射赤平投影网。

三、主要内容

1. 通过选择相当点，将相当点连接成网，从而掌握晶体结构中的结点、行列、面网等概念。对石墨晶体结构中平行和垂直结构层的两种碳原子面，分别以 a, b, c 为基点，画出对应的相当点分布图，连接相当点为行列，连接行列为面网，比较不同基点作为相当点所组成的面网的异同。

2. 对晶体的晶面进行赤平投影。使用晶体模型，对各个晶面（水平、直立、倾斜三种类型）进行赤平投影：①在纸面上画出基圆；②将晶体模型按轴向规则摆放，对水平、直立、倾斜三种类型的晶面进行投影；③在纸面上画出每一个晶面的投影点，对于投影极点在投影球北半球的晶面以⊙标记，对于投影极点在投影球南半球的晶面以 X 标记。

实验二　对称要素、对称型和晶带定律

一、目的和要求

1. 理解晶体的对称操作、对称要素、对称定律。
2. 对称型的推导。
3. 掌握晶带定律。

二、理论知识要点

1. 晶体的对称

一切晶体都是对称的，晶体的对称有着它自己的特殊规律性。一般生物或其他物体的对称，只表现在外形上，而且它们的对称可以是无限制的。然而晶体的对称不仅表现在它的外部形态上，并且还表现在物理、化学性质上。晶体的外形和物理、化学性质上的对称是由其内部结构的对称性所决定的。正因为晶体的对称具有上述的一些特性，所以可利用它的对称特征来对晶体进行分类，并对晶体的形态和各项性质进行研究。

（1）对称操作与对称要素。在晶体的对称研究中，使晶体上的相等部分（晶面、晶棱和隅角）作有规律地重复所进行的操作，称为对称操作。在操作中所凭借的几何要素，称为对称要素。常用的对称要素包括对称面、对称中心、对称轴、旋转反伸轴。

（2）对称定律。在晶体中，可能出现的对称轴只能是一次轴、二次轴、三次轴、四次轴、六次轴，不可能存在五次轴及高于六次的对称轴。

2. 确定晶体全部对称要素的步骤

根据对称要素之间的组合定律，系统地确定晶体模型上的全部对称要素。具体步骤如下。

（1）根据观察晶体模型是否在三个相互垂直的方向上等长，且从此三个方向上看过去晶体是否具有相同的外貌，从而将晶体模型区分为三向等长和非三向等长两个大类。

对于非三向等长的晶体模型，按照以下步骤进行：

1）在晶体模型中选出一个与所有其他方向均不一样的特殊方向，比如模型上特别长或者特别短的方向，确定此方向上存在有几次对称轴 L^n。

2）检查有无平行（或包含）上一步骤所找出的对称轴 L^n 或者 L_i^n，（以下称它们

3

为主轴）的对称面 P 存在。假如找到一个，且主轴为 L^n 时，根据对称要素组合定理 3，则必有 n 个平行于此主轴的对称面，且相邻两个对称面之间的夹角等于 L^n 的基转角的一半。当主轴为 4 次或者是 6 次的旋转反伸轴时，根据定理 4，则必定有 2 个或 3 个与主轴平行的对称面同时并存，且它们间的夹角等于该旋转反伸轴的基转角。

3）检查是否有垂直主轴的 L^2 存在。假如找到一个 L^2，并且主轴为 L^n 时，根据定理 1，则必定有 n 个共点的 L^2 同时垂直于主轴，且任两个相邻 L^2 间的夹角等于此 L^n 的基转角的一半。当主轴为 4 次或者是 6 次的旋转反伸轴时，根据定理 4，则必定有 2 个或 3 个共点且与之垂直的 L^2 同时存在，它们间的夹角等于该旋转反伸轴的基转角。

4）确定模型是否存在对称中心（C）。如果晶体无对称中心时，应进一步检查特殊方向的 L^2 或 L^3 是否为 4 次或者是 6 次的旋转反伸轴。如果晶体有对称中心时，则晶体中垂直于每个偶次对称轴的平面必定为对称面；反之，垂直于每一个对称面的直线必定为偶次对称轴，且晶体的对称面数目等于偶次对称轴的数目之和。

对于三向等长的模型，按照如下的步骤进行：

1）确定是否存在对称中心。

2）假如晶体存在对称中心，则在相互垂直且等长的 3 个方向上，都必定有 3 个 L^4 或者 3 个 L^2 的存在，把它们确定下来。如果晶体不存在对称中心，则 3 个相互垂直且等长方向上的 L^2 为 3 个 4 次旋转反伸轴。

3）在与上述 3 个四次轴或 3 个 L^2 均成等角度相交的方向上必定有 L^3 的存在，将它们确定下来。

4）在其他的可能方向上再次检查，确定是否还有其他对称面或 L^2 存在。

（2）写出晶体模型的对称型及其所属的晶族。根据上述步骤确定晶体模型的全部对称要素后，按照书写规则，写出模型的对称型及所属晶族：

1）对称型分三部分，按照顺序依次书写：首先写对称轴（旋转反伸轴），其次写对称面，最后写对称中心。

2）如果一个晶体模型的对称轴（旋转反伸轴）存在多个时，则按照轴次由高到低的顺序书写；对于等轴晶系的晶体模型，4 个三次对称轴必须写在对称型的第二位，三个互相垂直的四次对称轴（旋转反伸轴）或者三个互相垂直的二次对称轴必须写在对称型的第一位。

3）如果存在多于一个的对称面，在对称面符号前写上其系数（数量）。

4）对称中心写在最后一位。

3. 晶带定律

（1）晶带的概念。晶体上的晶面常常是成带分布的。因此，晶带就是指，晶面彼此相交的晶棱相互平行的一组晶面的组合。

（2）晶带定律。晶体上任一晶面至少同时属于两个晶带，而一个晶带至少必须包含两个互不平行的晶面。这一规律即称为晶带定律。对于这一定律，应从两个方面来理解：①任意两个晶带的交点，必是晶体上的一个实际的或可能的晶面；②互不平行的两个晶面相交，其交线必定是一个实际的或可能的晶棱，它的指向必是晶带轴的方向。

三、主要内容

1. 根据"确定晶体全部对称要素的步骤"，观察标有方解石、石英以及黄铁矿的矿物模型，写出它们的对称型以及所属的晶族。

2. 对图 2－1 中的晶带 AA′BB′CC′DD′以及它们的极射赤平投影进行分析。

3. 分组讨论矿物模型（老师指定）的对称型图 2－2，并描述寻找所有对称要素的推导过程。

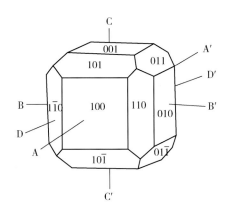

图 2－1

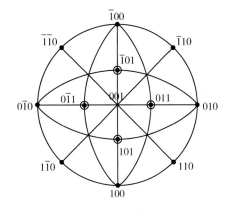

图 2－2

实验三　认识单形及单形符号

一、目的和要求

1. 理解单形的概念。
2. 理解单形的符号。
3. 掌握 47 种几何单形以及单形的分类。

二、理论知识要点

1. 单形的概念

单形是由对称型中全部对称要素联系起来的一组晶面的组合。也就是说，单形是在一个晶体上，通过对所有宏观对称要素进行相应的对称操作，能够使一组晶面相互重复，这组晶面即是一个单形。显然，这组晶面与相同对称要素（或晶轴）间的取向关系（平行、垂直或以某个角度相交）必然互相一致，且各晶面的其他性质如物理性质、晶面花纹及蚀象等也都彼此相同，理想情况下同一单形的所有晶面还应同形等大。

2. 单形符号

单形符号简称形号，是以简单的数字或字母表征单形中所有晶面空间取向的一种结晶学符号。单形符号是将单形中一个代表面的晶面指数用"｛｝"括起来获得的。由单形概念可知，同一单形的所有晶面与结晶轴的关系是相同的，因此，它们的晶面符号也具有共性。

以同一单形中任意一个晶面为原始面，都可将该单形的所有晶面推导出来，因此，任意晶面都具有该单形的代表性。但为了表述规范，规定代表面的选择原则是单形中正指数最多的晶面，也即选择极射赤平投影图上第一象限内的晶面。具体选择顺序为先前、次右、后上，其结果是晶面指数 $h \geqslant k \geqslant l$。

3. 47 种几何单形

如前所述，从结晶学意义上可推导出 146 种不同单形。但是，如果只考虑组成单形的晶面数目、各晶面间的几何关系以及单形单独存在时的形态等几何性质，那么，146 种结晶单形可以归结为几何性质不同的 47 种几何单形。中、低级晶族的单形可分如下 6 类：

（1）面类。包括单面、平行双面和双面。平行双面由一对互相平行的晶面组成。

双面由两个相交的晶面组成（若二晶面由二次轴 L^2 相联系时，称轴双面；若由对称面 P 相联系时，称反映双面）。

（2）柱类。包括斜方柱、三方柱、四方柱、六方柱、复三方柱、复四方柱和复六方柱。其中，复三方柱、复四方柱和复六方柱的晶面交角是隔角相等。

（3）单锥类。包括斜方单锥、三方单锥、四方单锥、六方单锥、复三方单锥、复四方单锥、复六方单锥。

（4）双锥类。包括斜方双锥、三方双锥、四方双锥、六方双锥、复三方双锥、复四方双锥、复六方双锥。要特别注意复三方、复四方和复六方的柱、锥类单形的横截面特点。

（5）面体类。包括斜方四面体、四方四面体、菱面体、复三方偏三角面体、复四方偏三角面体。这些单形的特点是：上部的面与下部的面错开分布，且上部（或下部）晶面恰好在下部（或上部）两晶面正中间，没有与 Z 轴垂直的对称面（没有水平对称面，这一点与双锥类不同），除斜方四面体外，其他都有包含高次轴的直立对称面。

（6）偏方面体类。包括三方偏方面体、四方偏方面体、六方偏方面体。偏方面体类与面体类单形都呈上下面错开分布，但偏方面体类单形上部晶面与下部晶面错开的角度左右不等，故不存在包含高次轴的直立对称面，也使之有左、右形之分。

高级晶族的单形分为如下 3 类：

（1）四面体类。包括四面体、三角三四面体、四角三四面体、五角三四面体和六四面体 5 个单形。

1）四面体，由 4 个等边三角形晶面所组成。

2）三角三四面体，由如四面体的每一个晶面突起分为 3 个等腰三角形晶面而成。

3）四角三四面体，由如四面体的每一个晶面突起分为 3 个四角形晶面而成。四角形的 4 个边两两相等。

4）五角三四面体，由如四面体的每一晶面突起分为 3 个偏五角形晶面而成。

5）六四面体，由如四面体的每一个晶面突起分为 6 个不等边三角形而成。

（2）八面体类。包括八面体、三角三八面体、四角三八面体、五角三八面体和六八面体 5 个单形。与四面体类的情况相似，八面体由 8 个等边三角形晶面所组成，晶面垂直于 L^3。设想八面体的每一个晶面突起平分为 3 个晶面，根据晶面的形状可分别形成三角三八面体、四角三八面体、五角三八面体。而设想八面体的一个晶面突起平分为 6 个不等边三角形则可以形成六八面体。

（3）立方体类。包括立方体、四六面体、五角十二面体、偏方复十二面体、菱形十二面体等 5 个单形。

1）立方体，由两两相互平行的 6 个正四边形晶面所组成，相邻晶面间均以直角相交。

2）四六面体，设想立方体的每个晶面突起平分为 4 个等腰三角形晶面，则这样

的 24 个晶面组成了四六面体。

3）五角十二面体，设想立方体每个晶面突起平分为 2 个具 4 个等边的五角形晶面，则这样的 12 个晶面组成五角十二面体。

4）偏方复十二面体，设想五角十二面体的每个晶面再突起平分为 2 个具 2 个等长邻边的偏四方形晶面，则这样的 24 个晶面组成偏方复十二面体。

5）菱形十二面体，由 12 个菱形晶面所组成。晶面两两平行。相邻晶面间的交角为 90° 与 120°。

几何单形在各晶族晶系中的分布有明显的规律性：①双面和名称中带有"斜方"的单形仅在低级晶族中出现。②单面和平行双面既在低级晶族中出现，又可以在中级晶族各晶系中出现，但不能出现在高级晶族中。③名称中带有"四方"的单形，仅在四方晶系中出现。④在三方晶系中可以出现名称带有"六方"的单形，在六方晶系中可以出现名称带有"三方"的单形；有些单形仅限于三方或六方晶系，如菱面体仅出现在三方晶系中。⑤等轴晶系的单形仅在本晶系中出现。

4. 单形的分类

（1）特殊形和一般形。凡是单形晶面垂直或平行于某对称要素，或者与相同的对称要素以等角度相交，这种单形被称为特殊形；反之，若单形晶面既不与任何对称要素垂直或平行（等轴晶系中的一般形有时可平行于三次轴的情况除外），也不与相同的对称要素以等角度相交，这种单形称为一般形。

（2）左形和右形。形态类同，空间取向相反的两个单形即为晶体的左形和右形。左右形互为镜像，但不能借助于旋转或反伸操作使之重合。

（3）正形和负形。两个相同的单形若取向不同，但能借助于旋转操作使彼此重合，则两者互为正形和负形。

（4）开形和闭形。所有晶面可以封闭一定空间的单形称为闭形，反之称开形，各种双锥和等轴晶系的全部单形都是闭形，平行双面、各种柱均为开形。闭形和开形的划分只对几何单形有意义。

（5）定形和变形。晶面间角度恒定的单形称为定形，反之为变形。47 种几何单形中，单面、平行双面、三方柱、四方柱、六方柱、四面体、八面体、菱形十二面体和立方体等 9 种属于定形，其余皆为变形。

三、主要内容

1. 认识 47 种几何单形，包括每一种单形的外形、名称，能够根据单形模型或者单形的图片识别出其名称。

2. 掌握几何单形在各晶族晶系中的分布有明显的规律性，尝试利用极射赤平投影图对三方晶系的 $L^3 3P$ 和四方晶系的 $L^4 4P$ 两个对称型进行单形推导。

3. 认识三方偏方面体、四方偏方面体、六方偏方面体、五角三四面体以及五角三八面体的左形和右形，并掌握识别以上单形左右形的方法。

实验四　认识聚形及聚形分析

一、目的和要求

1. 理解聚形的概念。
2. 理解单形聚合的原则。
3. 掌握聚形分析。

二、理论知识要点

1. 聚形的概念

理想的晶质单体（一个晶体的颗粒）是封闭的凸几何多面体。单形中的开形不能围限一定的空间，在晶体中不能单独出现，即使是闭形，在实际晶体中也常常和其他单形组合起来，共同构成封闭的几何多面体。由两个或两个以上单形按照一定对称规律组合起来构成的晶体的几何多面体便是聚形。

2. 单形聚合的原则

单形的聚合不是任意的，能够在同一对称型中出现的结晶单形才能相聚。显然，组成聚形的所有单形的对称型，都应当与该聚形的对称型一致。需要特别注意的是，这里的单形都是指结晶单形。

3. 聚形的几何特点

（1）晶面形态。在聚形中，各单形的晶面数目和晶面间的相对位置没有变化，但由于多个单形之间的相互切割，晶面的大小形状与原来独立单形相比可能会有变化。因此，在聚形中不能仅仅根据晶面形状判断其单形名称。

（2）单形数目。在每一个对称型中，可能出现的单形种数不超过 7 种，但在一个聚形上可能出现的单形个数是无限制的，可以有两个或几个同种类的单形同时存在。

（3）正形和负形的聚合。在一个聚形中可以出现指数绝对值完全对应相等而取向不同的两个相同的单形，这时的聚形便是由一个正形和一个负形所组成。

4. 聚形分析

由于组成聚形的每个单形必定是能够在同一对称型中出现的，因此确定了对称型便确定了组成聚形的单形种类的范围。理想状态下，同一单形的各个晶面一定同形等大，不同单形的晶面形状大小绝不相同。因此，有多少单形相聚，聚形上就会出现多少种不同形状和大小的晶面。换言之，聚形上晶面种类的数目就是组成该聚形的单形种数。所以，分析一个聚形由何种单形组成，可根据该聚形的对称型、不同形状大小的晶面数目、同种晶面的数目和空间关系、晶面符号以及假想某种晶面扩展延伸等综合进行。这里以橄榄石晶体为例，来说明聚形分析的具体步骤。

（1）对称型和晶系的确定。它所属对称型为 $3L^2 3PC$（mmm），为斜方晶系。由此判断该对称型中可能出现的单形种类有平行双面、斜方柱和斜方双锥。

（2）晶体定向。根据斜方晶系的定向原则，选择 3 个 L^2 分别作为 X、Y、Z 轴。

（3）确定聚形上不同晶面种数。晶体上具有 a、b、c、d、e、m、k 等 7 种不同的晶面，因而可知它有相应的 7 个单形。

（4）单形名称和形号的确定。在已知晶系、定向和晶体常数基础上，根据每个单形晶面数目和相对位置定出上述 7 个单形的名称和形号。a：平行双面 $\{100\}$；b：平行双面 $\{010\}$；c：平行双面 $\{001\}$；d：斜方柱 $\{h0l\}$；e：斜方双锥 $\{hkl\}$；m：斜方柱 $\{hk0\}$；k：斜方柱 $\{0kl\}$。

（5）根据各单形晶面的数目、晶面间的相互关系以及想像地使晶面扩展相交后单形的形状，进一步确认上述单形的名称。

三、主要内容

1. 对图 4 − 1 的聚形进行聚形分析，写出其所属的对称型，并列出组成这个聚形的所有单形的名称。

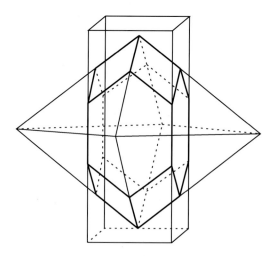

图 4 − 1　原形模型

2. 对聚形模型 8 号、9 号、10 号、17 号、28 号、29 号、30 号以及 61 号进行聚形分析，写出每一个聚形模型的对称型，并列出组成聚形模型的所有单形的名称。

实验五　认识平行连生、双晶及双晶率

一、目的和要求

1. 理解平行连生、双晶的概念。
2. 理解双晶要素。
3. 掌握常见的双晶率。

二、理论知识要点

1. 平行连生的概念

平行连生是指结晶取向完全一致的两个或两个以上的同种晶体连生在一起。具平行连生关系的晶体称平行连晶。平行连晶外形上表现为各晶体的所有几何要素相互平行，其连生部位出现凹入角但内部结构呈连续贯通的格子构造。因此，从结构特点上来看，平行连晶与单晶体没有什么区别。

2. 双晶的概念

双晶又称孪晶，是指两个或两个以上的同种晶体，其结晶学取向彼此呈现为一定对称关系的规则连生体。连生在一起呈双晶位的各单晶体之间，凭借某种几何要素（点、线、面等）实施对称操作（反伸、旋转、反映），可以实现彼此重合、平行或构成一个完整单晶体。在双晶的接合部位，多数都具有凹入角，而有的外形酷似单体，并不存在凹入角，但体现其内部结构特点的格子构造并非平行连续，而是呈共格过渡或相似面网衔接关系。

3. 双晶要素

双晶要素是假想的点、线、面等几何要素，凭借其进行反伸、旋转、反映等对称操作后，可使双晶的一个单体的方位发生变换而与另一个单体实现重合、平行或拼接成一个完整的晶体。双晶要素包括双晶面、双晶轴和双晶中心。其中，双晶面和双晶轴在描述双晶特征中具有重要意义。

（1）双晶面（twinning plane）。是一个假想的平面，通过该面的镜像反映可以使呈双晶位的两个单体实现重合、平行或拼合成一个完整晶体。在实际双晶中，双晶面常常平行于单晶体的某个晶面，或垂直于某晶带轴。所以，双晶面的空间方位常借助与其平行的晶面符号来表达。例如，石膏燕尾双晶的双晶面 tp 平行于单晶体的（100）晶面，可写作双晶面 tp∥（100）。

（2）双晶轴（twinning line）。为一假想直线，双晶的其中一单体围绕该直线旋转180°后，可与另一单体重合、平行或拼合成一个完整晶体。双晶轴常常垂直于单晶体的某个晶面，或平行于其中一个单晶体的某些晶棱或晶带轴。所以，双晶轴的空间方位也常借用其垂直的晶面或平行的晶带轴的符号来表示。例如，石膏燕尾双晶的双晶轴 tl 垂直于单晶体的（100）晶面，可写作双晶轴 tl⊥（100）。

（3）双晶中心。为一假想的几何点，通过该点将双晶的其中一个晶体进行反伸操作后，两个单体实现相互重合、平行或拼合成一个完整晶体。

（4）双晶接合面。即双晶单体间的实际接合界面。通常情况下，该接合界面可以是简单的平面或折面。但有时由于双晶单体的接合关系复杂，其接合面可以很复杂。由于双晶的单体往往结晶取向不一致，所以其接合面处的晶格并非呈连续一贯的面网，即接合面两侧的晶格取向是不一致的。从晶体化学的角度看，这种结晶取向不一致又能接合在一起的晶体，其接合面的晶格面网应当是个共格面网（该面网与两侧延伸的面网均有相似之处），只有这样它们才能"有机地"接合在一起。

4. 双晶律

双晶律即双晶中单体的连生规律。双晶律一般以双晶要素与双晶接合面组合的方式来表述，也可有如下的一些命名方式。

（1）以矿物命名。如果某双晶律常出现在固定的矿物中，就以某特征矿物的名称命名该双晶律。例如钠长石律、尖晶石律、云母律、文石律等等。

（2）以发现地命名。有时为了纪念某双晶律的最初发现地，就以地名作为双晶律的名称。例如，正长石的卡斯巴律双晶（捷克斯洛伐克地名）、石英的道芬律（法国地名）、巴西律和日本律双晶等等。

（3）以形态命名。一些双晶体的形态特殊，为便于记忆就以形态特征为名称。例如，金红石族矿物的膝状双晶（或肘状双晶）、十字石的十字双晶、石膏的燕尾双晶、黄铁矿的铁十字双晶等等。

（4）复合双晶。是指由两种以上的简单接触双晶关系组成的双晶复合体。例如，卡钠复合双晶中，单体 1 与 2 以及单体 3 与 4 彼此间按钠长石律接合，双晶轴⊥（010）；单体 2 与 3 之间按卡斯巴律接合，双晶轴∥Z轴。在接触双晶当中，复合双晶是较为复杂的双晶类型，实际晶体中较为少见。

（5）贯穿双晶。双晶的各单体彼此相互穿插，形成复杂的穿插接触关系，其接合面呈复杂折面。简单的穿插关系可以通过双晶接合面加以描述，但有时穿插关系太复杂而只能描述其接合面的主要特征。如正长石的卡斯巴律双晶，其接合面可以描述为"以∥（010）为主的曲折接合面"。贯穿双晶可以呈现许多不同的形态。

5. 双晶的识别

实际晶体中，一些双晶有明显的宏观特征，易于识别，而有些双晶则需借助晶面上的微形貌才能识别。下面是一些常用的双晶识别标志。

（1）凹入角。单晶体均为凸多面体，平行连晶及双晶中单体的接合部位常常形成凹入角。所以，同种晶体上出现凹角有可能构成双晶。但需要注意，凹角既不是识别双晶的必要条件，也不是识别双晶的充分条件，尚需结合下述标志进一步鉴别。

（2）双晶纹和双晶缝合线。双晶表面常留有其接合面的线状痕迹，由于单体接合紧密呈细线状，所以称为双晶纹和双晶缝合线。双晶缝合线是一根孤立的线条，可以是直线，也可以是折线或曲线。双晶纹通常是一组平行线。例如：在斜长石聚片双晶⊥（010）方向，可见一组平直细密的双晶纹；在石英道芬双晶的柱面可见一条细的曲线状缝合线；在正长石卡斯巴双晶的⊥（010）方向可见一条折线状缝合线。缝合线有时不能直接被观察到，而要依据其它晶面微形貌的不连续性推断获得。例如，具道芬双晶或巴西双晶的石英柱面上双晶缝合线两侧的晶面横纹不连续。

三、主要内容

1. 观察平行连生模型的特征，辨别平行连生与双晶的异同点。

2. 通过教学模型认识钠长石律、尖晶石律、云母律、文石律，写出这些模型的双晶面符号。

3. 认识正长石的卡斯巴律双晶、石英的道芬律和巴西律。

实验六 空间格子、紧密堆积原理、晶体的结构

一、目的和要求

1. 理解布拉维空间格子的概念。
2. 理解紧密堆积原理。
3. 掌握晶体的结构分析。

二、理论知识要点

1. 紧密堆积原理

（1）等大球体的最紧密堆积。当等大的球体在一个平面内作最紧密排列时，每个球体（标记为 A）都只能与周围的六个球相接触，并且在每个球的周围都存在有两类弧线三角形空隙。

1）其中的一类顶角向下（标记为 B），另一类顶角向上（标记为 C）。两类空隙相间分布。结果将出现 AB、AB、AB……的周期性重复（两层重复，A、B 代表球体所在位置）。在这样的最紧密堆积中，因等同点是按六方格子排列的，故称为六方最紧密堆积（HCP）。

2）第二种堆积方式是在由六个球围成的空隙上进行的，即将第三层球（C）堆放在第一层与第二层的六个球围成的空隙之上。此时，第三层球与前两层球的位置均不重复，当堆积第四层球时（即将球放在第二层与第三层的六球围成的空隙之上），才与第一层球的位置（A）相重复，继而出现第五层与第二层重复，第六层与第三层重复。如此继续堆积下去，其结果将是出现 ABC、ABC、ABC……的周期重复。在这样的最紧密堆积中，因等同点是按立方面心格子分布的，故称之为立方最紧密堆帜（CCP），其最紧密堆积的球层平行于立方面心格子（111）面。

立方最紧密堆积和六方最紧密堆积是等大球最紧密堆积的两种最基本也是最常见的方式。

（2）等大球紧密堆积形成的空隙类型及其数目。等大球按上述两种方式作最紧密堆积后，球体之间的空隙仍占据整体堆积空间的 25.95%。若用空隙周围球体中心连线所构成的几何多面体来命名相应空隙，则等大球间只有四面体（T）和八面体（O）2 种空隙。按 HCP 和 CCP 两种方式堆积的每个球体周围都分布着 6 个八面体空隙和 8 个四面体空隙，考虑到 1 个八面体空隙由 6 个球围成而 1 个四面体空隙由 4 个球围成的数值关系，可以计算得出：n 个球无论作 HCP 还是 CCP 最紧密堆积，所形成的八面体空隙数都为 n 个，四面体空隙数为 $2n$ 个。

2. 布拉维空间格子

十四种空间格子：各种空间格子之间的相互区别，是由它们的单位平行六面体的形状和结点的分布位置来决定的。而单位平行六面体的形状，则由它的三个棱长 a、b、c 及其夹角 α、β、γ 来规定。a、b、c 和 α、β、γ 称为格子参数。经数学推导，格子参数间的关系可有如下七种：

立方格子：$a = b = c$，$\alpha = \beta = \gamma = 90°$。

三方格子：$a = b = c$，$\alpha = \beta = \gamma \neq 90°$。

四方格子：$a = b \neq c$，$\alpha = \beta = \gamma = 90°$。

六方格子：$a = b \neq c$，$\alpha = \beta = 90°$，$\gamma = 120°$。

正交格子：$a \neq b \neq c$，$\alpha = \beta = \gamma = 90°$。

单斜格子：$a \neq b \neq c$，$\alpha = \gamma = 90°$，$\beta \neq 90°$。

三斜格子：$a \neq b \neq c$，$\alpha \neq \beta \neq \gamma \neq 90°$。

在上列七种格子中。按结点分布位置的不同，可分为四种类型，即 P、C、I、F。

P——原始格子。结点只分布在格子的每个角顶上。

C——底心格子。除各角顶上的结点外，还在格子顶、底面的中心处，各有一个结点。

I——体心格子。除各角顶上的结点外，还在格子的体中心处有一个结点。

F——面心格子。除各角顶上的结点外，在格子的每个面中心处，还各有一个结点。

将空间格子的形状和结点分布位置一并考虑后，除去几何上重复的和不符合空间格子规律及对称的，只能得出十四种型式的空间格子，即通常所说的布拉维（Bravais）格子。

3. 晶体结构分析

了解一个晶体结构时，往往需表述下列几项内容：①晶系；②对称类型；③组成部分及键型；④配位数 CN 值；⑤晶胞中结构单元数目 Z 及位置；⑥格子型式。

配位数和配位多面体的概念及其关系：每个原子或离子周围与之最为邻近（呈配位关系）的原子或异号离子的数目称为该原子或离子的配位数（coordination number，简记为 CN）。任一原子或离子周围与之呈配位关系的原子或异号离子的中心连线所形成的几何图形称为配位多面体。在晶体结构中，原子或离子按照一定的方式与周围的原子或异号离子相结合，这种结合关系称为配位关系。

晶胞中结构单元数目 Z：即单位晶胞中所含化学式"分子"（聚合物是指含"聚合单元"）数目的数字。可将晶体结构划分为四种晶格类型：

（1）离子晶格。在这类晶格中，结构单元为得到和失去电子的阴、阳离子，它们之间靠静电引力相互联系起来，从而形成离子键。它们的电子云一般不发生显著变形而具有球形的对称性，即离子键不具有方向性和饱和性。因此，结构中离子间的相互配置方式，一方面取决于阴、阳离子的电价是否相等，另一方面取决于阳、阴离子的半径比值。通常阴离子呈最紧密或近于最紧密堆积，阳离子充填其中的空隙并具有较高的配位数。离子晶格中，由于电子都属于一定的离子，质点间的电子密度很小，对光的吸收较少，易使光通过，从而导致晶体在物理性质上表现为低的折射率和反射率，呈透明或半透明，具非金属光泽和不导电（但熔融或溶解后可以导电）等特征。晶体的机械性能、硬度与熔点等则随组成晶体的阴、阳离子电价的高低和半径的大小有较宽的变化范围。

（2）原子晶格。在这种晶格中，结构单位为原子，在原子之间以共用电子对的方式达到稳定的电子构型的同时，电子云发生重叠，并使它们相互联系起来，形成共价键。矿物中的共价键还有分子轨道、杂化轨道以及配位场等模式。由于一个原子形成共价键的数目是取决于它的价电子中未配对的电子数，且共用电子对只能在适当的一定方向上联结（即键力具有方向性和饱和性），因此在结构中，原子之间的配置视键的数目和取向而定。晶体结构的紧密程度远比离子晶格要低，配位数也偏小。具有这类晶格的晶体，在物理性质上的特点是不导电（即使熔化后也不导电），呈透明或半透明，具非金属光泽，一般具有较高的熔点和较大的硬度。

（3）金属晶格。在这种晶格中，作为结构单位的是失去外层电子的金属阳离子和一部分中性的金属原子，从金属原子上释放出来的价电子，作为自由电子弥散在整个晶体结构中，把金属阳离子相互联系起来，形成金属键。结构中每个原子的结合力都是按球形对称分布的（即不具方向性和饱合性），同时各个原子又具有相同或近于相同的半径，因此整个结构可看成是等大球体的堆积，并且通常都是呈最紧密堆积，具最高或很高的配位数。具有金属晶格的晶体，在物理性质上的最突出特点是它们都为电和热的良导体，不透明，具金属光泽，有延展性，硬度一般较小。

（4）分子晶格。与其它晶格的根本区别在于其结构中存在着真实的分子。分子内部的原子之间通常以共价键相联系，而分子与分子之间则以分子键相结合。由于分子键不具有方向性和饱和性，所以分子之间有可能实现最紧密堆积。但是由于分子不是球形的，故最紧密堆积的形式就极其复杂多样。

三、主要内容

1. 对金红石型结构进行晶系、空间格子类型、配位数、组成的键型、晶胞中结构单元数目 Z 分析。

2. 对闪锌矿型结构以及黄铜矿结构分别进行晶系、空间格子类型、配位数、组成的键型、晶胞中结构单元数目 Z 分析。

实验七　矿物的形态

一、目的和要求

1. 认识典型的矿物单体形态。
2. 认识典型的矿物集合体形态的特征。
3. 掌握如何正确描述矿物形态的方法。

二、理论知识要点

1. 矿物单体形态

矿物单体形态，它包括两方面：①整个晶体的外观形状；②晶面花纹特征。

矿物单晶体的外观形状，也称晶体习性或晶习。对于单形发育较好的晶体，晶体习性可以用其中的优势单形来表示，如萤石的八面体习性，黄铁矿的立方体习性等。大多数情况下用矿物在三维空间延伸的比例及形态的几何形状描述，有三种基本类型：①一向延伸（矿物单体在三维空间的一个方向特别发育，呈柱状、针状等）；②二向延展（矿物单体在三维空间的两个方向特别发育，呈板状、片状）；③三向等长（矿物单体在三维空间的发育基本相同，呈粒状或等轴状）。另外，根据晶体晶面的发育完好程度还可分为自形、半自形、他形三种类型。

矿物的晶面花纹也就是矿物表面的微形貌。具体可分为晶面条纹、晶面台阶和螺旋纹、生长丘、蚀象。

2. 矿物集合体形态

矿物集合体形态，分为三种类型：①显晶集合体（肉眼可以辨认单体的）；②隐晶集合体（显微镜下才能辨认单体的）；③胶态集合体（在显微镜下也不能辨认单体的）。

显晶集合体可根据集合体中单体的粗细粒、晶体习性和集合方式进行分类，一般有：粒状集合体（粗粒、中粒、细粒）、片状集合体（板状、片状、鳞片状、叶片状）、柱状集合体（柱状、针状、毛发状、纤维状、束状、放射状）等。

隐晶和胶态集合体的主要形态一般有：分泌体、结核体、钟乳状集合体。分泌体，又称晶腺，是岩石中的空洞被结晶质或胶体充填而成的矿物集合体，这种充填是从洞壁开始，逐渐向中心沉淀形成的。结核体，是物质围绕某一中心向外围逐渐沉淀形成的矿物体，其沉淀过程与分泌体刚好相反，形成鲕状、豆状、肾状集合体。钟乳状集合体，是由真溶液蒸发或胶体凝聚，使沉淀物逐层堆积而成的矿物集合体，常见的有石钟乳、石笋和石柱等。

　　另外，还有根据具体情况形象描述为土状集合体、粉末状集合体、树枝状集合体、被膜状集合体、皮壳状集合体等。

三、主要内容

　　1. 仔细观察矿物的单体形态，认识常见矿物的典型的结晶习性

　　（1）一向延伸的矿物。柱状、针状、毛发状，如石英、电气石、辉锑矿、角闪石、绿柱石、金红石等。

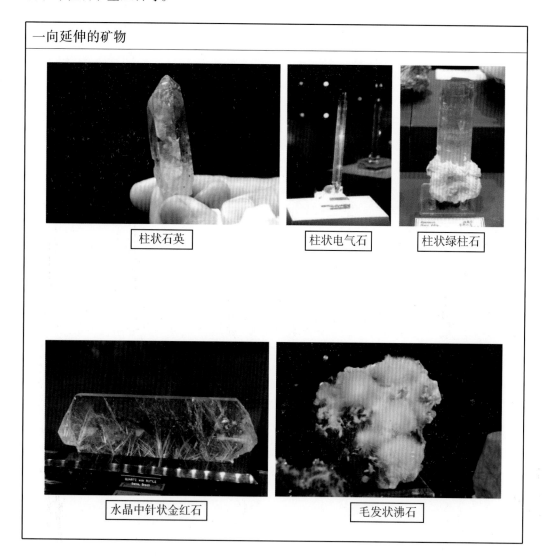

一向延伸的矿物

柱状石英　　　柱状电气石　　　柱状绿柱石

水晶中针状金红石　　　毛发状沸石

（2）二向延展的矿物。片状、板状或板片状，如云母、石墨、石膏、重晶石、黑钨矿等。

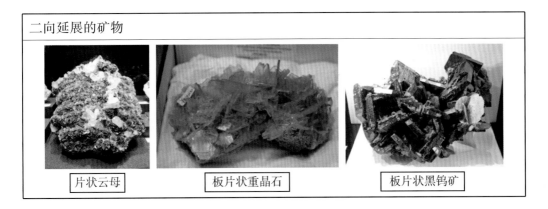

二向延展的矿物		
片状云母	板片状重晶石	板片状黑钨矿

（3）三向等长的矿物。粒状，如橄榄石、石榴子石、黄铁矿、方铅矿、萤石、石盐等。

三向等长的矿物		
黄铁矿	石榴子石	方铅矿

（4）各种矿物的晶面花纹。

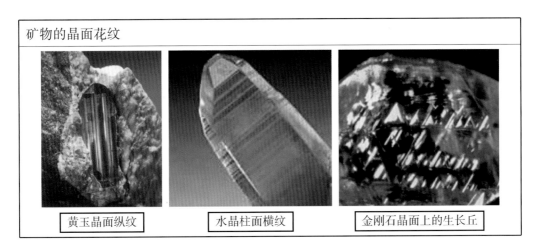

矿物的晶面花纹		
黄玉晶面纵纹	水晶柱面横纹	金刚石晶面上的生长丘

2. 仔细观察并描述矿物集合体形态，认识矿物集合体形态的类型

（1）显晶集合体。包括粒状集合体（如方解石、橄榄石等）、板状、片状、鳞片状集合体（如云母、石膏、叶钠长石等）、柱状、针状、纤维状、束状集合体（如石英、辉铋矿、石膏、透闪石等）、晶簇（如石英晶簇、辉锑矿晶簇、方解石晶簇、萤石晶簇等）等。

显晶集合体

钴方解石粒状集合体　　橄榄石粒状集合体　　石榴子石粒状集合体

重晶石板片状集合体　　云母片状集合体

电气石柱状集合体　　辉铋矿针状集合体　　直闪石石棉纤维状集合体

石英晶簇　　辉锑矿晶簇　　石膏晶簇

（2）隐晶集合体和胶态集合体。包括分泌体（如玛瑙晶腺、方解石杏仁体等）、结核体（如鲕状或豆状赤铁矿、肾状硬锰矿、黄铁矿结核体等）、钟乳状集合体（如钟乳状方解石等）等。

隐晶集合体和胶态集合体

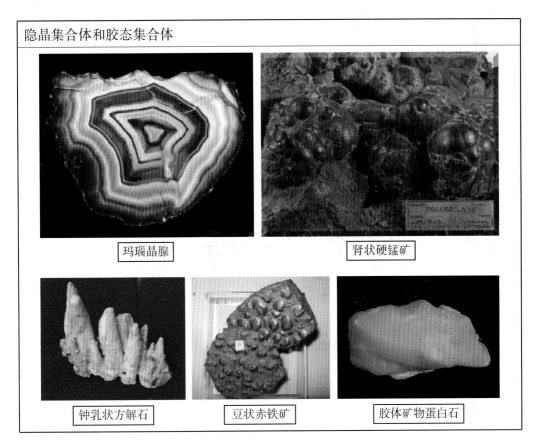

| 玛瑙晶腺 | 肾状硬锰矿 |

| 钟乳状方解石 | 豆状赤铁矿 | 胶体矿物蛋白石 |

（3）其他集合体。放射状集合体（如阳起石、红柱石等）、树枝状集合体（如自然铜等）、葡萄状集合体（如葡萄石等）、土状集合体（如高岭石等）、皮壳状集合体（如孔雀石等）、被膜状集合体（如孔雀石、蓝铜矿等）、块状集合体（如蛇纹石等）等。

四、注意事项

1. 描述矿物单体形态时，要根据矿物晶体外形发育程度尽可能详细形象地进行描述。

2. 对于矿物集合体形态，首先要确定集合体中矿物是显晶的还是隐晶的或是胶态的，然后再按各自的特点描述集合体的形态。

其他集合体

蓝铜矿呈被膜状覆于高岭石上　　　　　　　树枝状自然银

　放射状红柱石　　　　孔雀石皮壳状集合体　　　　蛇纹石块状集合体

实验八　矿物的物理性质

一、目的和要求

1. 通过实验加深对矿物主要物理性质的理解，如对矿物的光学性质、力学性质、其他物理性质的具体的了解。

2. 观察某些矿物特有的物理性质，如矿物的颜色、光泽、条痕、解理、发光性、弹性、热膨胀性、吸水性、易燃性、味感等，结合矿物的形态特征，了解其在某些矿物上的鉴定意义。

二、理论知识要点

1. 矿物的光学性质

指矿物对自然光的反射、折射和吸收等所表现出来的各种性质，包括矿物的颜色、条痕、光泽、透明度、发光性。

（1）矿物的颜色。是矿物对可见光选择性吸收的结果，所显现的颜色为被吸收色光的补色。根据产生的原因与矿物本身的关系，可将矿物的颜色分为自色、他色和假色。

1）自色。矿物本身固有化学成分和晶体结构决定的对自然光选择性吸收、折射和反射而表现出来的颜色，是光波与晶格中的电子相互作用的结果。对一般矿物而言，自色通常比较固定，是矿物鉴定的首选标志。

自色的致色机理主要有四种：①离子内部电子跃迁致色，如红宝石、孔雀石、绿松石等；②离子键电荷转移致色，如蓝闪石；③能带间电子跃迁，如自然铜、辰砂和硫磺等矿物；④色心致色，如萤石和石盐。

2）他色。指矿物因含外来的杂质所形成的颜色，它与矿物本身的成分和结构无关，不是矿物固有的颜色，因此无鉴定意义。如金红石发晶。

3）假色。是自然光照射到矿物表面或内部，受到某种物理界面的作用而发生干涉、衍射、散射等所产生的颜色。假色是一种物理光学效应，只对少数矿物有辅助鉴定意义。

矿物中常见的假色有：①锖色。某些不透明矿物表面的氧化膜使反射光发生干涉而呈现不均匀的彩色即锖色，锖色只见于矿物表面，剥除氧化膜后锖色就会消失，例如斑铜矿表面具有独特的蓝、靛、红、紫等不均匀锖色，是其鉴定特征之一。②晕色。某些透明矿物内部存在一系列平行密集的解理面或裂隙面，它们对光的连续反射引起光的干涉，使矿物解理面和晶面呈现彩虹般的色带，称为晕色，例如白云母、冰洲石、透石膏等无色透明矿物解理面上可见到晕色。③变彩。某些透明矿物内部存在许多微细叶片状或层状结构界面，可引起可见光的衍射干涉作用而出现不均匀色彩，从不同方向观察时，这种不均匀色彩随方向而变换，例如贵蛋白石具有蓝、绿、紫、红等色的变彩，拉长石可出现蓝绿、金黄、红紫等变彩。④乳光。也称蛋白光，某些矿物含有许多远小于可见光波长的其他矿物或胶体微粒，使入射光发生漫反射而生成的一种乳白色浮光，例如月长石（钾长石和钠长石交互生成显微层片状结构的特殊条纹长石）和乳蛋白石均可见到这种乳光。

（2）矿物的条痕。条痕是矿物粉末的颜色。通常将矿物在素瓷板（白色无釉瓷板）上擦划后获得。因为矿物变成粉末时消除了假色、减弱了他色、突出了自色，所以条痕比矿物颗粒或块体的颜色更为稳定，更具有鉴定意义。例如，不同成因的赤铁矿可呈现钢灰、铁黑、褐红等色调，但其条痕总是呈特征性的红棕色（或称樱红色）。

对于不透明矿物和彩色或深色半透明－透明矿物，尤其是硫化物或部分氧化物和自然元素矿物，条痕是重要的鉴定特征；而对于白色、无色或浅色的透明矿物，其条痕均为白色，无鉴定意义。

（3）矿物的光泽。指矿物表面反光的能力。矿物的光泽应在新鲜平滑晶面或解理面上进行观察。根据反射能力由强到弱可分为金属光泽（如方铅矿、黄铁矿、自然金等）、半金属光泽（如赤铁矿、闪锌矿、黑钨矿等）、金刚光泽（金刚石、雄黄、浅色闪锌矿）、玻璃光泽（方解石、石英、萤石等）四个等级。

在不平坦的矿物表面或矿物集合体上观察时，矿物常表现出特征性的变异光泽，主要有油脂光泽（如石英、磷灰石、石榴子石等）、树脂光泽（如浅色闪锌矿、雄黄等）、沥青光泽（如沥青铀矿、富含 Nb 及 Ta 的锡石等）、珍珠光泽（如白云母、透石膏等）、丝绢光泽（如纤维石膏、石棉等）、蜡状光泽（如叶蜡石、蛇纹石等）、土状光泽（如高岭石、褐铁矿等）。

（4）矿物的透明度。指矿物可以透过可见光的程度。一般依照其 0.03 mm 厚的薄片在偏光显微镜下通过透射光来衡量，可分为透明、半透明、不透明三级。

（5）发光性。指矿物受外加能量激发，能发出可见光的性质。能激发矿物发光的因素有很多，如加热、摩擦以及阴极射线、紫外线、X 射线等的照射，都可使某些矿物发出一定颜色的可见光。如萤石、磷灰石等矿物在加热时，即可出现热发光现象。

矿物发光的实质是，矿物晶体结构中质点受外界能量的激发，发生电子跃迁，当电子由激发态回到基态的过程中，便将吸收的部分能量以可见光的形式释放出来。随着波长的不同，发光时间的长短而决定了发出光的颜色和性质。

按发光的性质不同，发出光可分为荧光和磷光。矿物在受外界能量激发时发光，激发源撤除后发光立即停止的叫荧光，如金刚石、白钨矿在紫外线照射下的发光现象。矿物在受外界能量激发时发光，激发源撤除后仍能继续发光一段时间的叫磷光，如磷灰石的热发光。

2. 矿物的力学性质

指矿物在外力作用下表现出来的各种物理性质，包括解理、裂理（裂开）、断口、硬度、延展性、弹性等。其中以解理和硬度对矿物的鉴定最有意义。

（1）矿物的解理、裂理、断口。解理、裂理和断口均为矿物在外力作用下表现出的破裂特性，只是决定破裂特征的主要因素不同而已。

1）解理。是当矿物晶体遭受超过其弹性外力作用时，矿物晶体沿着一定结晶学方向破裂成一系列光滑的平面，这种破裂的特性称为解理，破裂形成的一系列光滑平面称为解理面。解理的发育取决于矿物晶体化学内化学键类型、化学键的强度和分布等晶体化学因素，是矿物的固有属性，因而随矿物的不同有很大的差异。根据解理产生的难易程度及其表现形式，一般将其分为5个等级：①极完全解理，如云母、石墨等矿物的解理。②完全解理，如方铅矿、方解石等矿物的解理。③中等解理，如普通辉石、普通角闪石、蓝晶石等矿物的解理。④不完全解理，如磷灰石、橄榄石等矿物的解理。⑤极不完全解理，即无解理，如石英、石榴子石等矿物均无解理。

在实际矿物晶体中，不完全和极不完全两个等级的解理常不易观察，可简单描述为"解理不发育"或"无解理"。有时解理等级较高且有多组，但难以确认其组数时，描述为"发育多组解理"即可。

2）裂理。是矿物晶体受外力作用时，有时沿一定的结晶方向，但并非晶格本身薄弱方向裂成平面的性质。裂理是杂质、包裹体、固溶体等组分在矿物结晶过程中沿着某些结晶学方向上均匀规则排列，当受外力作用时表现出来的类似于解理的特性。但裂理不是矿物固有的特性，如果矿物中不存在定向缺陷，该矿物就不具裂理。如磁铁矿有时出现平行 {111} 方向的裂理，是因为在其 {111} 面网分布有微细的钛铁矿和钛铁晶石的出溶片晶之故。

3）断口。当矿物遭受超过其弹性极限的外力时，沿任意方向破裂成不平整的断面，这样的破裂面称为断口。断口常依其形态或质感进行描述。常见断口有：贝壳状断口，如石英、玛瑙易出现此类断口；锯齿状断口，金属性较强的矿物，如自然金、自然铜等矿物易出现此类断口；参差状断口，凹凸不平的断口，脆性较强的非金属矿物，如磷灰石、石榴子石等矿物易出现此种断口；平坦状断口，断面较平坦的断口，一些细粒致密的块状非金属矿物集合体如高岭石有时出现此类断口；土状断口；纤维状断口，专指纤维状矿物集合体如石棉的断口。

（2）矿物的硬度。指矿物抵抗刻、压入或研磨能力的大小。它是矿物物理性质中比较固定的性质之一，因而也是矿物的一个重要鉴定特征。矿物的硬度是矿物晶体化学的反映，它与组成矿物的种类及其堆积紧密程度和联系方式密切相关。

矿物硬度的测定方法很多，主要的有刻划法和压入法。刻划法是用已知固体刻划未知矿物以确定其硬度相对大小的方法。1812年，奥地利矿物学家 Friedrich Mohs 提出选用10种矿物作为标准，用未知矿物与其刻划来确定硬度相对大小。这10种矿物是滑石、石膏、方解石、萤石、磷灰石、正长石、石英、黄玉、刚玉、金刚石，它们

的硬度级别分别为 1 到 10，称为摩斯硬度。

还可利用人手指甲、小钢刀等粗略估计矿物硬度。人手指甲的硬度约为 2.5，铜针约为 3，小钢刀约为 5.5，普通陶瓷约为 6，玻璃约为 7。

（3）矿物的弹性、挠性、脆性和延展性，是矿物受外力作用所表现的变形、延展及破裂等性质。

3. 矿物的其他物理性质

（1）矿物的相对密度。指矿物（纯净的单矿物）的质量与 4 ℃时同体积水的质量之比。其数值与密度数值相同。矿物的相对密度分为轻、中、重 3 个级别：①轻级，相对密度小于 2.5，如石墨（2.09～2.23）、石盐（2.1～2.2）、石膏（2.3）等；②中等，相对密度在 2.5～4 之间，绝大多数非金属矿物如石英（2.65）、萤石（3.18）、金刚石（3.52）等具中等密度；③重级，相对密度大于 4，自然金属元素和多数硫化物类矿物如自然金（15.6～19.3）、黄铁矿（4.9～5.2）等属重级矿物。

（2）矿物的磁性。指矿物被外磁场吸引或排斥的性质。矿物按磁性可分为强磁性矿物（较大颗粒或块体能被永久磁铁所吸引的矿物，如磁铁矿）、弱磁性矿物（粉末才表现出能被永久磁铁所吸引的矿物）和无磁性矿物（粉末也不能被永久磁铁所吸引的矿物）。

（3）导电性。矿物对电流的传导能力。

（4）荷电性。矿物在外部能量作用下，能激起矿物晶体表面荷电的性质，称为矿物的荷电性。具有荷电性的矿物，其导电性极弱或不具导电性。荷电性分为压电性和热电性两种。

此外，有些矿物对人体的五官能引起特殊的感觉，如滑石、叶蜡石有滑腻感，含砷矿物以锤击之有蒜臭，石盐有咸味，等等，这些性质也可以用来鉴定矿物。

三、主要内容

1. 观察并描述矿物的颜色。矿物的颜色千差万别，初学描述时注意体会，表 8－1 列出矿物的标准色，可作为比较的标准，与标准有差异时，可用复合词进行描述，如黄铁矿为淡铜黄色或浅铜黄色。

表 8－1　矿物的标准色

非金属色	紫色	蓝色	绿色	黄色	橙色	红色	褐色
标准矿物	紫萤石	蓝铜矿	孔雀石	雌黄	铬酸铅矿	辰砂	褐铁矿
金属色	锡白色	铅灰色	钢灰色	铁黑色	铜红色	铜黄色	金黄色
标准矿物	毒砂	方铅矿	磁铁矿	磁铁矿	自然铜	黄铜矿	自然金

实验八 矿物的物理性质

矿物的自色

红色的红宝石（自色，离子内部跃迁）　　蓝色的蓝闪石（自色，离子间电荷转移）

浅铜黄色的黄铁矿（自色，能带间电子跃迁）　　绿色的萤石（自色，色心致色）

矿物的他色

 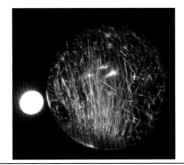

绿色水晶（水晶中绿色绿泥石致色）　　金色水晶（水晶中金色金红石致色）

27

矿物的假色

斑铜矿（假色，锖色）　　方解石（假色，晕色）　　透石膏（假色，晕色）

欧泊（假色，变彩）　　　　　拉长石（假色，变彩）

月光石（假色，乳光）　　　　月光石（假色，乳光）

2. 观察矿物的条痕，将矿物在白色无釉瓷板上刻划，观察并描述其颜色。

有些矿物条痕色与矿物颜色一致，如磁铁矿（矿物颜色与条痕色均为黑色），孔雀石（矿物颜色与条痕色均为绿色）等；有些矿物条痕与矿物颜色不一致，如黄铁矿（颜色为黄色，条痕色为黑色），黄铜矿（颜色为铜黄色，条痕色为黑色）等。

矿物的条痕

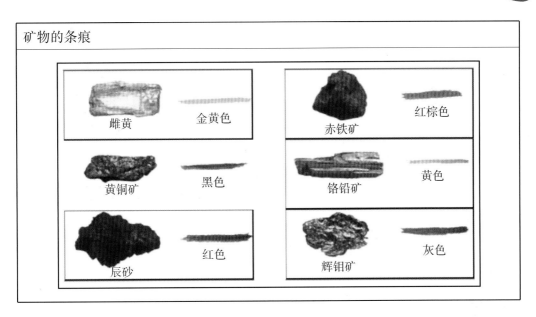

3. 观察矿物的光泽，并确定其等级，同时注意观察一些特殊光泽现象，如珍珠光泽、丝绢光泽等。矿物的光泽分为金属光泽、半金属光泽、金刚光泽、玻璃光泽，光泽依次由强到弱。此外，还有一些特殊的光泽，如油脂光泽、珍珠光泽、土状光泽等。

金属光泽

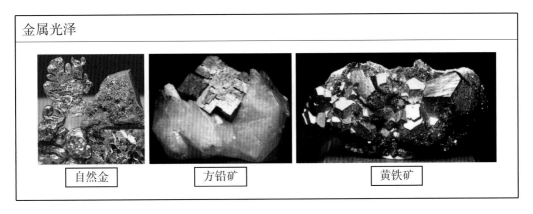

半金属光泽

金刚光泽

金刚石　　　　　　　　雄黄

玻璃光泽

方解石　　　　　　萤石　　　　　　水晶

特殊光泽

油脂光泽，石英　　　　　土状光泽，高岭土

丝绢光泽，石棉　　珍珠光泽，白云石　　蜡状光泽，蛇纹石

4. 观察矿物的透明度，并确定其等级。注意：影响矿物透明度的因素除了矿物的内含物外，还有矿物表面的光滑程度、表面杂质及其氧化膜的种类等。

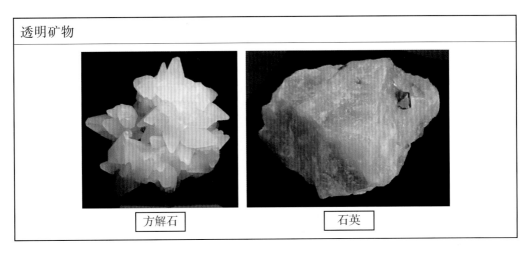

透明矿物

方解石　　　　　　　　石英

半透明矿物

辰砂　　　　　　　　黑钨矿

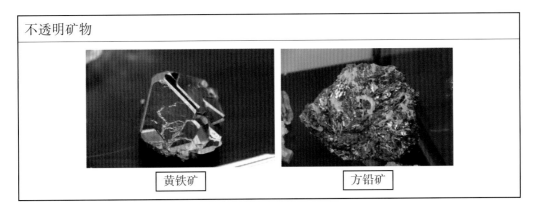

不透明矿物

黄铁矿　　　　　　　　方铅矿

5. 观察矿物的解理，确定其解理等级。观察云母等矿物的解理、刚玉等矿物的裂理、石英等矿物的断口，体会解理、裂理、断口的区别。

6. 熟识摩斯硬度的 10 种标准矿物，并会利用小刀、手指甲、标准摩斯硬度计等工具刻划矿物，对比及确定矿物的硬度。

7. 熟识矿物相对密度的等级划分标准，并会用手掂量矿物，与标准矿物相比较，确定矿物相对密度的等级。

8. 用永久磁铁测定矿物的磁性。

9. 观察白钨矿、方解石、萤石、磷灰石、蛋白石等矿物的发光，并记录发光颜色及强弱。

10. 观察一些矿物特有的具有鉴定意义的性质，如石盐的咸味、云母的弹性、自然硫的易燃性、蛭石的挠性和热膨胀性、滑石和辉钼矿的滑感、石墨的滑感和污手感。

四、注意事项

1. 观察矿物的颜色，注意是在新鲜面上观察，若是锈色则在氧化面上观察，并在适当的光照角度上才容易看到。

2. 矿物的条痕是矿物粉末的颜色，矿物的条痕色与矿物颜色有时一致，有时不一致，要注意仔细观察。

3. 衡量矿物的透明度的标准，是在 0.03 mm 厚的薄片在偏光显微镜下通过透射光来观察，可分为透明、半透明、不透明 3 级，而不是肉眼的观察的判别，一定要注意观察体会，才能进行准确判断。

4. 在观察矿物的颜色、条痕、光泽、透明度等性质的基础上，注意综合体会它们之间的内在关系。

5. 解理和裂理都应在较大的单晶粒上观察。

实验九　自然元素矿物

一、目的和要求

1. 认识常见自然元素矿物的化学组成、形态和物理性质。
2. 掌握常见自然元素矿物的外观鉴定特征。

二、理论知识要点

1. 自然元素矿物

自然元素矿物包括仅由 1 种元素构成的单质和由两种或两种以上金属元素构成的类质同象混晶矿物。

自然界构成自然元素矿物的元素约为 30 余种，已发现本大类矿物逾 50 种，其中多数为自然金属元素及其混晶矿物，类质同象变体也较常见。

2. 自然元素矿物的分类

根据元素的属性和元素间的结合方式，自然元素矿物分为自然金属元素矿物、自然半金属元素矿物和自然非金属元素矿物。

（1）自然金属元素矿物。包括铂族元素（platinum group elements，简称 PGE，包括 Ru、Rh、Pd、Os、Ir、Pt）及部分铜族元素（Cu、Ag、Au）构成的单质及一些金属互化物矿物。

（2）自然半金属元素矿物。包括碲族（Se、Te）和砷族（As、Sb、Bi）矿物。

（3）自然非金属元素矿物。包括自然硫族、金刚石 – 石墨族矿物。

3. 自然元素矿物的特征和性质

（1）自然金属元素矿物。主要为自然铂、自然金、自然银、自然铜等，（近似）等大质点作立方或六方最紧密排列，结晶成等轴或六方晶系。金属色、强金属光泽、不透明，通常无好的晶形，解理不发育，硬度低，有延展性，相对密度大，是热和电的良好导体。

（2）自然半金属元素矿物。主要是自然砷、自然锑、自然铋单质矿物。晶体均属三方晶系。完好晶形少见，一般呈粒状、片状。新鲜面呈锡白或银白色，金属光泽，氧化后则暗淡无光，有 {0001} 完全解理。

（3）自然非金属元素矿物。主要包括自然硫族、金刚石 – 石墨族，以自然硫、金刚石、石墨为代表矿物。自然硫具分子键，呈环状分子结构；石墨具层状结构，层

33

内为共价键和部分金属键，层间为分子键；金刚石为金刚石型结构，具典型共价键。这些矿物由于彼此间的结构类型和键性差异极大，因而物理性质很不相同。

4. 成因及产状

（1）PGE 矿物。产于与超基性岩、基性岩有关的岩浆矿床中。

（2）Au、Ag、Cu。主要为热液成因。

（3）金刚石。岩浆作用的产物，与超基性岩有关，产在金伯利岩及钾镁煌斑岩中。

（4）石墨。多为变质作用产物。

（5）自然硫。成因类型多样，火山作用及生物作用产物。

三、主要内容

1. 认识自然铂、自然金、自然铜、自然硫、金刚石和石墨的形态和物理性质，掌握其外观鉴定特征。

2. 仔细观察标本，结合自然铂、自然金、自然铜、自然硫、金刚石和石墨的晶体结构、键性，分析它们在形态和物理性质上表现出明显差异的原因。

（1）自然金属元素矿物。主要有自然金 Au、自然银 Ag、自然铜 Cu、自然铂 Pt 等。

名称：自然金（Gold）	化学式：Au	
硬度：2.5～3	相对密度：15.6～18.3，纯金：19.3	熔点：1062 ℃

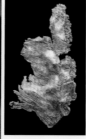

等轴晶系。通常呈不规则粒状集合体。此外尚可见树枝状、鳞片状，偶见较大的团块状集合体。

颜色、条痕均为金黄色，含银颜色变浅，金属光泽，不透明，无解理。化学性质稳定，火烧不变色。

名称：自然银（Silver）	化学式：Ag	
硬度：2.5～3	相对密度：10.1～11.1	熔点：960 ℃

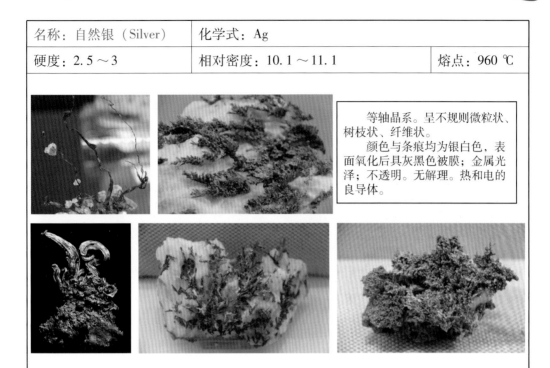

等轴晶系。呈不规则微粒状、树枝状、纤维状。

颜色与条痕均为银白色，表面氧化后具灰黑色被膜；金属光泽；不透明。无解理。热和电的良导体。

名称：自然铜（Copper）	化学式：Cu	
硬度：2.5～3	相对密度：8.95（纯铜）	熔点：1083 ℃

等轴晶系。通常呈不规则树枝状、片状或致密块状集合体。

铜红色，表面常因氧化而出现棕黑色锈色；条痕铜红色；金属光泽；不透明。无解理，断口呈锯齿状。为热和电的良导体。

名称：自然铂（Platinum）	化学式：Pt	
硬度：4～4.5	相对密度：21.5	熔点：1774 ℃

等轴晶系。以不规则细小颗粒状、粉状、葡萄状为常见，有时形成较大的块状集合体。单晶少见，偶见立方体{100}或八面体{111}的细小晶体。

锡白色，颜色视铁含量多少由银白至钢灰色；条痕钢灰色；金属光泽；不透明。无解理，断口锯齿状，具延展性。微具磁性，电和热的良导体。

（2）自然半金属元素矿物。主要有自然铋 Bi、自然硒 Se 等。

名称：自然铋（Bismuth）	化学式：Bi
硬度：2～2.5	相对密度：9.7～9.83

三方晶系。单晶体少见，呈完整的菱面体状。通常呈粒状、片状、块状。

常带浅黄的银白色，条痕锡白色。金属光泽；不透明；平行底面完全解理。

低温下即熔化，易溶于硝酸。导电性、延展性弱。

（3）自然非金属元素矿物。主要有自然硫 S、石墨 C、金刚石 C 等。

名称：自然硫（Sulphur）	化学式：S
硬度：1～2	相对密度：2.05～2.08

　　斜方晶系。晶形常呈双锥状或厚板状。通常呈块状、粒状、土状、球状、粉末状、钟乳状等集合体。
　　带有各种不同色调的黄色；晶面呈金刚光泽，而断面显油脂光泽。不完全解理，贝壳状断口，性脆。不导电，摩擦带负电。易燃，火焰呈蓝紫色，有硫臭味。

名称：石墨（Graphite）	化学式：C
硬度：1～2	相对密度：2.21～2.26

　　常见六方晶系。单晶体片状或板状，少见。常见鳞片状、土状或块状集合体。
　　条痕和颜色均为黑色，半金属光泽，平行{0001}极完全解理，薄片具挠性、有滑感，污手，导电。

名称：金刚石（Diamond）	化学式：C	
硬度：10	相对密度：3.52	熔点：4000 ℃

　　等轴晶系。常呈八面体、菱形十二面体，较少立方体和其它形态。常呈凸晶，蚀象常见，依（111）成双晶。

　　无色或带蓝、黄褐、褐黑色，金刚光泽，断口油脂光泽，贝壳状断口，平行（111）解理中等，性脆。

　　产于金伯利岩、钾镁煌斑岩中，风化后成砂矿。

四、注意事项

　　1. 自然元素矿物鉴定主要依靠形态、颜色、光泽、硬度、相对密度、延展性、脆性等性质。

　　2. 有些自然金属元素矿物、半金属自然元素矿物由于受到氧化而呈现不同颜色，注意以其新鲜面颜色及条痕来鉴定。

　　3. 自然金和自然铜的区别：颜色上自然金为金黄色，自然铜则为铜红色；比重上差别非常大，自然金（19.3）比重是自然铜（8.95）的2倍多。

实验十 硫化物及其类似化合物矿物

一、目的和要求

1. 认识硫化物及其类似化合物的化学组成、形态和物理性质等特征。
2. 掌握常见硫化物矿物的鉴定特征。

二、理论知识要点

硫化物矿物是指金属阳离子与硫结合而成的化合物形式的矿物，硫化物矿物的类似化合物是指金属元素与硒、碲、砷、锑、铋等结合而成的硒化物、碲化物、砷化物、锑化物、铋化物矿物。

1. 化学成分

硫化物及其类似化合物的阴离子主要是 S 及少量 Se、Te、As、Ab、Bi 等，阳离子主要为元素周期表右方的铜型离子（Cu、Pb、Zn、Ag、Hg 等）及靠近铜型离子一边的过渡型离子（Fe、Co、Ni、Mo 等）。

2. 分类

根据阴离子和阳离子的特点，形成的硫化物大致可分为单硫化物、复硫化物和硫盐三类。

（1）单硫化物。指简单阴离子 S^{2-} 与铜型离子（Cu、Pb、Zn 等）或过渡离子（Fe、Co、Ni 等）结合而成的化合物，如辉铜矿 Cu_2S、方铅矿 PbS、闪锌矿 ZnS、辰砂 HgS、辉钼矿 MoS_2、辉锑矿 Sb_2S_3、黄铜矿 $CuFeS_2$ 等。

（2）复硫化物（又称对硫化物）。指哑铃状对硫 $[S_2]^{2-}$、对砷 $[As_2]^{2-}$ 及 $[AsS]^{2-}$ 和 $[SbS]^{2-}$ 等络阴离子，与过渡型离子（Fe、Co、Ni 等）结合而成的化合物，如黄铁矿 $Fe[S_2]$、毒砂 $Fe[AsS]$、辉砷钴矿 $Co[AsS]$ 等。

（3）硫盐。指 $[AsS_3]^{3-}$ 和 $[SbS_3]^{3-}$ 等络阴离子与 Cu、Ag、Pb 三种铜型离子结合而成的化合物，如黝铜矿 - 砷黝铜矿、硫砷银矿、硫锑银矿等。

3. 晶体化学特点

硫化物的晶体结构常可看成硫离子作紧密堆积，阳离子位于四面体或八面体空隙，因此，金属阳离子的配位多面体很多是八面体和四面体或由此畸变的多面体，少数为柱体或其他的多面体形态。从堆积特点看，硫化物应属于离子化合物，但其晶体却常出现一系列不同于典型离子晶格的晶体特点。这是由于在硫化物及其类似化合物中出现的复杂的化学键造成的，晶体中不仅表现共价键性，同时还显示一定的离子键性，甚至还有金属键性。这种化学键的复杂性源于硫化物的阳离子主要为铜型和近于铜型的过渡型离子，它们位于元素周期表的右方，极化力强，电负性中等。而阴离子S又易被极化，电负性（相对氧）较小。因而阴阳离子电负性差较小，致使硫化物的化学键出现上述复杂的过渡性质。

4. 形态及物理性质

本大类矿物的形态变化表现出一定的特征性。相对而言，成分简单的硫化物常会出现对称程度高，如许多矿物具有等轴晶系或六方晶系的形态。而组分复杂的硫盐则对称程度较低，主要为斜方晶系和单斜晶系。大多数硫化物晶形较好，特别是复硫化物黄铁矿、毒砂等常见完好晶形，硫盐则主要以粒状或块状集合体出现。

本大类矿物的物性主要取决于上述的晶体化学特征。绝大多数矿物呈金属色、金属光泽，条痕色深而不透明，仅少数硫化物如雄黄、雌黄、辰砂、闪锌矿等具金刚光泽、半透明，部分矿物具有完好的解理。本大类矿物的硬度变化较大，其中简单硫化物和硫盐矿物硬度低，硬度介于 $2 \sim 4$ 之间，而具对阴离子 $[S_2]^{2-}$、$[Te_2]^{2-}$、$[AsS]^{2-}$ 等复硫化物及其类似化合物的硬度增高至 $5 \sim 6.5$ 左右。这一大类矿物的熔点低，相对密度较大，一般在 4 以上，这是由于它们的阳离子多具有较大的原子量。

5. 成因及产状

本大类绝大部分矿物主要是热液作用的产物。但形成的温度范围是很大的，有的形成于高温高压环境中，如基性、超基性岩中的铜镍硫化物。

在内生的岩浆作用的晚期，可形成 Fe、Ni、Cu 的硫化物，如基性、超基性岩中的磁黄铁矿、镍黄铁矿和黄铜矿组成的铜镍硫化物矿床。高温热液阶段主要形成辉钼矿、辉铋矿、磁黄铁矿、毒砂等；中温热液阶段形成黄铜矿、闪锌矿、方铅矿、黄铁矿等；低温热液阶段形成雄黄、雌黄、辉锑矿、辰砂等。

本大类矿物在地表氧化环境中很不稳定，易于被氧化。如几乎所有的硫化物矿物在地表均被氧化、分解，最初形成易溶于水的硫酸盐，然后形成氧化物（如赤铁矿）、氢氧化物（如针铁矿）、碳酸盐（如孔雀石）和其他含氧盐矿物，组成了硫化物矿床氧化带的矿物成分。当硫酸盐溶液（主要是硫酸铜，偶尔为硫酸银溶液）下渗至氧化带的深部（地下水面附近）时，在氧不足的还原条件下，硫酸铜、硫酸银溶液就与原生硫化物相互作用，形成次生的铜或银的硫化物（次生辉铜矿、螺硫银矿、铜蓝），从而形成硫化物矿床的次生富集带。

三、主要内容

1. 熟悉硫化物及其类似化合物的化学组成、形态和物理性质、成因和产状特点，了解其共生组合及在氧化带和次生富集带的变化。

2. 掌握主要的硫化物及其类似化合物的鉴定特征，如方铅矿、闪锌矿、黄铜矿、磁黄铁矿、辰砂、雄黄、雌黄、辉锑矿、黄铁矿、毒砂、斑铜矿、辉钼矿等。

（1）简单硫化物。主要有辉铜矿 Cu_2S、方铅矿 PbS、闪锌矿 ZnS、辰砂 HgS、辉钼矿 MoS_2、辉锑矿 Sb_2S_3、黄铜矿 $CuFeS_2$ 等。

名称：方铅矿（Galena）	化学式：PbS
硬度：2～3	相对密度：7.4～7.6

等轴晶系。最常呈立方体{100}，还可出现八面体{111}、菱形十二面体{110}，并有时以八面体与立方体聚形出现。也常见呈粒状、致密块状集合体。

铅灰色；条痕灰黑色；强金属光泽。解理平行{100}完全。具弱导电性，晶体具有良好的检波性。

名称：闪锌矿（Sphalerite）	化学式：ZnS
硬度：3.5～4	相对密度：3.9～4.2

等轴晶系。通常呈粒状集合体，有时呈肾状、葡萄状，反映出胶体成因的特征。高温闪锌矿呈四面体习性；中低温呈菱形十二面体习性。

Fe的含量直接影响闪锌矿物理性质。当含Fe量增多时，颜色为浅黄、棕褐直至黑色（铁闪锌矿）；条痕由白色至褐色；光泽由树脂光泽至半金属光泽；透明至半透明；相对密度降低。多组完全解理。不导电。

名称：辰砂（Cinnabar）	化学式：HgS
硬度：2～2.5	相对密度：8～8.2

　　HgS两个同质多象变体：三方晶系的辰砂和等轴晶系的黑辰砂。

　　单晶常呈菱面体、厚板状、柱状。双晶常见，常成以c轴为双晶轴的贯穿双晶。集合体多呈粒状，有时为致密块状以及被膜状。

　　鲜红色，有时表面呈铅灰的锖色；条痕红色；金刚光泽；半透明。成分纯净者，导电性极差，如含0.1% Se或Te时，就显著增加其导电性。

名称：黄铜矿（Chalcopyrite）	化学式：CuFeS$_2$
硬度：3～4	相对密度：4.1～4.3

　　四方晶系。通常为致密块状或分散粒状集合体。偶而出现隐晶质肾状形态。单晶呈四方四面体、四方双锥，但少见。

　　颜色为铜黄色，但往往带有暗黄或斑状锖色；条痕绿黑色；金属光泽；不透明。解理不发育，性脆。能导电。

名称：斑铜矿（Bornite）	化学式：Cu$_5$FeS$_4$
硬度：3	相对密度：4.9～5.3

　　等轴晶系。单晶为立方体或立方体与八面体的聚形，通常呈致密块状或不规则粒状集合体。

　　新鲜断面呈暗铜红色，风化表面常呈暗蓝紫斑状锖色，因此得名；条痕灰黑色；金属光泽；不透明。无解理，性脆。具导电性。

名称：铜蓝（Covellite）	化学式：CuS
硬度：1.5～2	相对密度：4.6

　　六方晶系；层状结构。单晶极为少见，呈细薄六方板状或片状。通常以粉末状、被膜状或煤灰状集合体附于其它硫化物之上。

　　靛青蓝色；条痕灰黑；金属光泽；不透明，极薄的薄片透绿光。性脆。块体呵气后变紫色。

名称：辉锑矿（Stibnite 或 Antimonite）	化学式：Sb_2S_3
硬度：1.5～2	相对密度：4.6

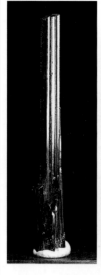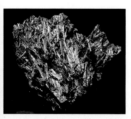

斜方晶系；链状结构。单晶呈柱状或针状，柱面具有明显的纵纹，较大的晶体往往显现弯曲。集合体常呈放射状或致密粒状。

铅灰色或钢灰色，表面常有蓝色的锖色；条痕黑色；晶面常带暗蓝锖色；金属光泽；不透明。解理平行{010}完全，解理面上常有横的聚片双晶纹，性脆。在无釉瓷板上划条痕，滴KOH于其上，条痕变为桔黄色，随后变褐色，而类似的辉铋矿无此反应。

名称：辉钼矿（Molybdenite）	化学式：MoS_2
硬度：1	相对密度：5

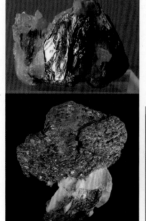

六方晶系，三方晶系。单晶体呈六方板片状，但往往不完全。底面上常有条纹。通常呈片状或鳞片状，有时呈细小颗粒状集合体。

铅灰色，金属光泽，底面解理极完全。光泽较强，能在纸上划出条痕，条痕在素瓷板上为亮铅灰色，在涂釉瓷板上有特征的黄绿色条痕，可与相似的石墨相区别。薄片有挠性，具有油腻感。

名称：雌黄（Orpiment）	化学式：As_2S_3
硬度：1.5～2	相对密度：3.5

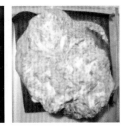

单斜晶系。单晶常见板状或短柱状，晶面常弯曲，有平行柱面的纵纹。集合体呈片状、梳状、束状、土状、皮壳状、放射状等。

柠檬黄色；条痕鲜黄色；油脂光泽至金刚光泽，解理面为珍珠光泽。解理平行{010}极完全，薄片具挠性。

名称：雄黄（Realgar）	化学式：As_4S_4
硬度：1.5～2	相对密度：3.6

单斜晶系。通常以致密块状或土状块体或皮壳状集合体产出。单晶体通常细小，呈柱状、短柱状或针状，柱面上有细的纵纹。

橘红色，条痕淡橘红色；晶面上具金刚光泽，断面上出现树脂光泽；呈透明至半透明。解理平行{010}完全，性脆。长期受光作用，可转变为淡橘红色粉末。

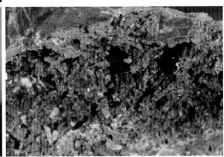

名称：磁黄铁矿（Pyrrhotite）	化学式：Fe$_{1-x}$S
硬度：4	相对密度：4.6～4.7

六方晶系。通常呈致密块状、粒状集合体或呈浸染状。单晶常呈平行{0001}板状，少数为柱状或桶状。成双晶或三连晶。

暗古铜黄色，表面常具褐色的锖色；条痕灰黑色；金属光泽；不透明。解理不发育，{0001}裂开发育，性脆。具导电性，呈弱磁性至强磁性。

（2）复硫化物。主要有黄铁矿、白铁矿、毒砂、辉砷钴矿等。

名称：黄铁矿（Pyrite）	化学式：FeS$_2$
硬度：6～6.5	相对密度：4.9～5.2

等轴晶系。常见完好晶形，呈立方体、五角十二面体或八面体。立方体晶面上常见到3组相互垂直的晶面条纹，这种条纹的方向在两相邻晶面上相互垂直，此外，还可形成穿插双晶，称铁十字。集合体常呈致密块状、分散粒状及结核状等。

浅铜黄色，铁黄色，表面带黄褐的锖色；条痕绿黑色；强金属光泽；不透明。无解理，断口参差状，性脆。

名称：白铁矿（Marcasite ）	化学式：FeS₂
硬度：6～6.5	相对密度：4.9

　　斜方晶系。单晶呈板状，有时呈矛头状晶形。常呈依{110}的鸡冠状反复双晶。通常多以结核状皮壳状产出。
　　淡黄铜色而稍带浅灰或浅绿的色调，新鲜面近于锡白色（较黄铁矿色浅）；条痕暗绿色；不透明；金属光泽。无解理，性脆。弱导电性。

名称：毒砂（Arsenopyrite）	化学式：Fe〔AsS〕
硬度：5.5～6	相对密度：6.1

　　单斜晶系。单晶常呈柱状，斜方柱，且柱面上有晶面条纹。有时成十字状双晶或星状三连晶。集合体往往为粒状或致密块状。
　　锡白色至钢灰色；表面常带浅黄的锖色；条痕灰黑；金属光泽；不透明。解理不完全，性脆。以锤击之发砷之蒜臭，灼烧后具磁性。

（3）硫盐。主要有黝铜矿－砷黝铜矿、硫砷银矿、硫锑银矿等矿物。

名称：黝铜矿－砷黝铜矿（Tetrahedrite－Tennantite	化学式：$Cu_{12}[Sb_4S_{13}]-Cu_{12}[As_4S_{13}]$
硬度：3～4.5	相对密度：4.6～5.1

等轴晶系。单晶体呈四面体形，依（111）为接合面成双晶。常呈粒状或致密块状。
颜色和条痕均为钢灰-铁黑色，条痕有时带褐色色调。金属-半金属光泽，不透明，无解理，性脆。具弱导电性。

四、注意事项

1. 本大类的大多数矿物可以根据颜色、条痕、光泽、硬度等几个性质较容易地区分开，但是有的比较相似的矿物或呈细粒之集合体时，需要借助化学法来区分。

2. 简易化学实验。辉铜矿、黄铜矿等含铜矿物可用铜的焰色反应鉴定：加一滴盐酸于矿物碎块上，放在氧化焰上灼烧，出现蓝绿色火焰，如不加盐酸则火焰呈绿色。硫锰矿：加 H_2O_2 起泡，加盐酸放出 H_2S，有臭味。镍黄铁矿：试镍。将矿粉置于载玻片上，用 HNO_3 加热溶解，再加氨水稀释后吸于滤纸上，加一滴二甲基乙二醛肟酒精溶液，则出现桃红色（二甲基乙二醛镍）。

3. 当方铅矿呈细粒并与其它矿物伴生而难以观察其解理和估量其比重时，可用 KI 及 $KHSO_4$ 与少许矿物粉末共同研磨，若出现 PbI_2 黄色沉淀，则可证明其为方铅矿。

4. 当辉锑矿与辉铋矿呈细粒块体而难以区分时，可滴 KOH 于其上，如立刻出现黄色，随后变为橘红色者为辉锑矿，而辉铋矿无此反应。

5. 当辉钼矿呈细鳞片状难以与石墨区分时，可根据辉钼矿研细的粉末呈灰绿色（条痕）而区别于石墨的颜色。

6. 磁黄铁矿、黄铜矿或黄铁矿在其表面上经常出现锖色，而容易被误认为斑铜矿，应根据矿物新鲜断面的颜色及其他特征来区分。

实验十一　氧化物和氢氧化物矿物

一、目的和要求

1. 熟悉氧化物和氢氧化物大类矿物的化学组成、形态和物理性质。
2. 掌握常见的氧化物和氢氧化物矿物的鉴定特征。

二、理论知识要点

氧化物矿物是指金属阳离子与 O^{2-} 结合而成的化合物。氢氧化物矿物则是金属阳离子与 OH^- 相结合的化合物。本大类矿物目前已发现有 300 种以上，其中氧化物 200 种以上，氢氧化物 80 种左右。它们占地壳总重量的 17% 左右，其中石英族矿物就占了 12.6%，而铁的氧化物和氢氧化物占 3.9%。这类矿物是重要的造岩矿物，为提取金属元素、放射性元素的重要矿物，也是重要的高科技及宝石矿物材料。

1. 化学组成

组成本大类矿物的阴离子主要是 O^{2-} 和 OH^-，少数矿物有附加阴离子 F^- 和 Cl^-，如烧绿石。阳离子主要为惰性气体型离子（如 Si^{4+}，Al^{3+}，Mg^{2+} 等）、过渡型离子（如 Ti^{4+}，Cr^{3+}，La^{3+}，Th^{4+}，U^{4+} 等）和少量的铜型离子（如 Sn^{4+}）。

氧化物中的类质同象替代较硫化物更为广泛，异价类质同象增多。常常形成完全类质同象系列。

2. 晶体化学特征

（1）氧化物。氧化物中 O^{2-} 常作立方或六方最紧密堆积或近似最紧密堆积，阳离子充填四面体或八面体空隙。键性以离子键为主，且以低价惰性气体型离子的氧化物中为最强，如方镁石 MgO。

由于阳离子具有不同程度的极化性质，刚玉（Al_2O_3）、石英（SiO_2）等矿物的键性趋于向共价键过渡，而磁铁矿（$FeFe_2O_4$）、软锰矿（MnO_2）等矿物则有向金属键过渡的趋势。

阳离子电价增高，其共价键的成分趋于增多，如：$Na^+ \rightarrow Mg^{2+} \rightarrow Al^{3+} \rightarrow Si^{4+}$，由离子键 $\rightarrow$ 共价键过渡。键性因阳离子的类型而异：惰性气体型 $\rightarrow$ 过渡型 $\rightarrow$ 铜型离子，随着共价键性趋于增强，配位数趋向减小。

（2）氢氧化物。OH^- 或 OH^- 和 O^{2-} 共同形成紧密堆积，OH^- 与 O^{2-} 通常成互层分布，多数矿物为层状结构，层内为离子键，层间以分子键或氢键联结；部分矿物为链状结构，链内为离子键，沿链的方向联结力较强，链间为氢键，与相应的氧化物比

较，其对称程度降低。例如方镁石 MgO 结晶成等轴晶系，而水镁石 $Mg(OH)_2$ 结晶成三方晶系。

3. 形态及物理性质

（1）形态。氧化物常可形成完好的晶形，亦常见呈粒状、致密块状及其他集合体形态；氢氧化物则常见为细分散胶态混合物，结晶好时，晶体呈板状、细小鳞片状或针状。

（2）硬度。氧化物类矿物的显著特征是具有高的硬度，一般均在 5.5 以上，其中石英、尖晶石、刚玉依次为 7、8、9。氢氧化物的硬度与相应的氧化物比较，则显著降低，例如方镁石的硬度为 6，而水镁石仅为 2.5。

（3）解理。氧化物类矿物中仅少数可发育解理，且一般解理级别为中等至不完全；而氢氧化物类因键力较弱，往往发育一组完全至极完全解理。

（4）相对密度。氧化物的相对密度变化较大，如 W、Sn、U 等的氧化物的相对密度很大，一般大于 6.5，而 α – 石英的相对密度仅为 2.65。这主要受其阳离子原子量大小影响。氢氧化物的相对密度与其相应的氧化物比较，则趋于减小，例如方镁石的相对密度为 3.6，而水镁石仅为 2.35，这是由于氢氧化物结构要松散得多的缘故。

（5）光学性质。本大类矿物的光学性质随阳离子类型的不同而变化，惰性气体型离子 Mg、Al、Si 等的氧化物和氢氧化物，通常呈浅色或无色，半透明至透明，以玻璃光泽为主。而阳离子为过渡型离子如 Fe、Mn、Cr 等元素时，则呈深色或暗色，不透明至微透明，表现出半金属光泽，且磁性增强。

三、主要内容

1. 熟悉氧化物和氢氧化物中主要矿物的化学成分、形态和物理性质，重点掌握其鉴定特征，如刚玉、赤铁矿、金红石、锡石、软锰矿、石英及其一系列亚种、蛋白石、钛铁矿、尖晶石、磁铁矿、铬铁矿、黑钨矿、水镁石、硬锰矿、铝土矿等矿物。

2. 比较刚玉和赤铁矿的物理性质，从而了解两者虽然结构相同，但由于成分不同所表现的物理性质的差别。

3. 认识不同形态的赤铁矿与其成因产状的关系。

（1）氧化物。主要有赤铜矿、刚玉、赤铁矿、钛铁矿、锑华、金红石、锡石、软锰矿、石英、尖晶石、磁铁矿、铬铁矿、黑钨矿、金绿宝石等矿物。

名称：赤铜矿（Cuprite）	化学式：Cu_2O
硬度：3.5～4.0	相对密度：5.85～6.15

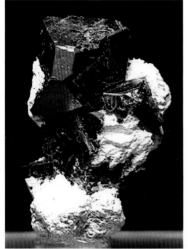

等轴晶系。通常为致密粒状或土状集合体，有时呈针状或毛发状。单晶体为等轴粒状，主要单形有八面体或立方体与菱形十二面体的聚形，但后者少见。

暗红至近于黑色；条痕褐红；金刚光泽至半金属光泽；薄片微透明。解理不完全。条痕上加一滴HCl产生白色$CuCl_2$沉淀。

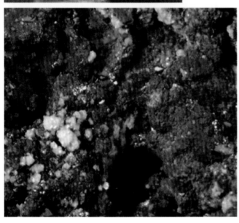

名称：刚玉（Corundum）	化学式：Al_2O_3	
硬度：9	相对密度：3.95～4.10	熔点：2000～2030 ℃

　　三方晶系。晶体通常呈腰鼓状、柱状，少数呈板状或片状，集合体呈粒状或致密块状。

　　一般为灰色、黄灰色，含Fe者呈黑色；含Cr者呈红色者，称红宝石；含Ti而呈蓝色称蓝宝石。在有些红宝石和蓝宝石的{0001}面上可以看到呈定向分布的六射针状金红石包体而呈星彩状，称星彩红宝石或星彩蓝宝石。玻璃光泽，无解理。化学性质稳定，不易腐蚀。

名称：赤铁矿（Hematite）	化学式：Fe_2O_3
硬度：5～6	相对密度：5.0～5.3

　　三方晶系。单晶形态常呈板状。集合体形态多样：显晶质的有片状、鳞片状或块状；隐晶质的有鲕状、肾状、粉末状或土状等；具金属光泽的片状集合体称为镜铁矿；具金属光泽的细鳞片状集合体称为云母赤铁矿；呈鲕状或肾状的称为鲕状或肾状赤铁矿；粉末状的赤铁矿称为铁赭石。
　　显晶质的赤铁矿呈铁黑至钢灰色，隐晶质的鲕状、肾状和粉末状者呈暗红色；条痕樱桃红色；金属光泽（镜铁矿、云母赤铁矿）至半金属光泽，或土状光泽；不透明。无解理，性脆。镜铁矿常因含磁铁矿细微包裹体而具有较强的磁性。樱桃红色条痕是鉴定赤铁矿的最主要特征。

名称：钛铁矿（Ilmenite）	化学式：$FeTiO_3$
硬度：5～6	相对密度：4.72

　　三方晶系。单晶少见，偶见厚板状。通常呈不规则细粒状、鳞片状。有时可见双晶。钢灰至铁黑色；条痕黑色，含赤铁矿者带褐色；金属至半金属光泽；不透明。无解理。具弱磁性。

名称：金红石（Rutile）	化学式：TiO_2
硬度：6～6.5	相对密度：4.2～4.3

　　四方晶系。常见完好的四方短柱状、长柱状或针状，这与其形成条件有关。集合体成致密块状。当结晶速度较快时，则出现长柱状、针状晶形。

　　常见褐红、暗红色，含Fe者呈黑色；条痕浅褐色；金刚光泽；微透明。解理平行{110}中等，性脆。溶于磷酸冷却稀释后，加入Na_2O_2可使溶液变成黄褐色（钛的反应）。

名称：锡石（Cassiterite）	化学式：SnO_2
硬度：6～7	相对密度：6.8～7.0

　　四方晶系。常呈由四方双锥、四方柱所组成的双锥柱状聚形，柱面上有细的纵纹。

　　一般为黄棕色至深褐色；富含Nb和Ta者，为沥青黑色；条痕白色至淡黄色；金刚光泽，断口油脂光泽。性脆，解理平行{110}不完全，贝壳状断口。

名称：软锰矿（Pyrolusite）	化学式：MnO_2
硬度：6～2（隐晶质块体硬度较低）	相对密度：4.5～5

　　四方晶系。完整晶体少见，有时呈针状、放射状集合体。常呈肾状、结核状、块状或粉末状集合体。

　　黑色，表面常带浅蓝的锖色；条痕黑色；半金属光泽至土状光泽。解理平行{110}完全，性脆。隐晶质者硬度低而易污手，此外，滴H_2O_2剧烈起泡。

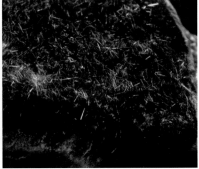

名称：石英（Quartz）	化学式：SiO_2
硬度：7	相对密度：2.65

　　三方晶系。自形晶常见，多呈六方柱和菱面体等单形所成之聚形。柱面常具横纹。显晶集合体呈梳状、粒状、致密块状或晶簇状。

　　纯净的α-石英无色透明，因含微量色素离子或细分散包裹体，或存在色心而呈各种颜色，并使透明度降低；玻璃光泽，断口呈油脂光泽。无解理,贝壳状断口。

石英的隐晶质异种：玛瑙

名称：蛋白石（Opal）	化学式：$SiO_2 \cdot nH_2O$
硬度：5.5～6.5	相对密度：1.99～2.25

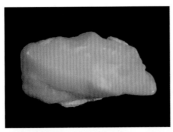 

　　胶体矿物。常呈肉冻状、钟乳状、皮壳状等。
　　常呈蛋白色，含杂质者呈不同颜色；玻璃光泽或蛋白光泽；一般微透明。胶体微粒使入射光发生漫反射而产生浮光。

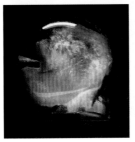  

名称：钙钛矿（Perovskite）	化学式：$CaTiO_3$
硬度：5.5～6	相对密度：3.97～4.04

　　等轴晶系/斜方晶系。立方体晶形，富Ce和Nb者呈八面体，立方体晶面上常具平行晶棱的聚片双晶条纹。
　　褐至灰黑色；条痕白至灰黄色；金刚光泽。解理不完全，参差状断口。

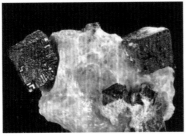 

名称：黑钨矿（钨锰铁矿）（Wolframite）	化学式：$(Fe, Mn) WO_4$
硬度：$4 \sim 4.5$	相对密度：$7.12 \sim 7.51$

　　单斜晶系。单晶体常呈板状或短柱状，有时呈针状或毛发状。晶面发育纵纹，接触双晶。集合体为刀片状或粗粒状。平行连晶。

　　红褐色（钨锰矿）至黑色（钨铁矿）；条痕黄褐色（钨锰矿）至褐黑色（钨铁矿）；光泽由树脂光泽（钨锰矿）至半金属光泽（黑钨矿、钨铁矿）。解理发育，性脆。常与氧化铁共生，钨铁矿具弱磁性。

名称：尖晶石（Spinel）	化学式：$MgAl_2O_4$
硬度：8	相对密度：3.55

　　等轴晶系。单晶常呈八面体形，有时为八面体与菱形十二面体组成聚形。双晶依尖晶石律（111）成接触双晶。

　　通常呈红色（含Cr），绿色（含Fe^{2+}），蓝色（含Co^{2+}）或褐黑色（含Fe^{2+}和Fe^{3+}）；玻璃光泽。无解理。

名称：铬铁矿（Chromite）	化学式：$FeCr_2O_4$
硬度：5.5～6.5	相对密度：4.3～4.8

　　等轴晶系。通常呈粒状或块状集合体。单晶呈八面体，但少见。
　　暗褐色至铁黑色；条痕褐色；半金属光泽；不透明。无解理，性脆。具弱磁性，含铁量高者磁性较强。

名称：磁铁矿（Magnetite）	化学式：$FeFe_2O_4$
硬度：6	相对密度：5.18

　　等轴晶系。单晶体常呈八面体，较少呈菱形十二面体。致密块状或粒状集合体。
　　铁黑色；条痕黑色；半金属光泽；不透明。无解理，有时具{111}裂开，性脆。具强磁性。

名称：金绿宝石（Chrysoberyl）	化学式：$BeAl_2O_4$
硬度：8.5	相对密度：3.75

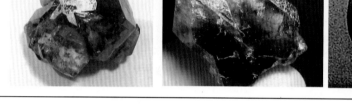

　　斜方晶系。假六方板状或短柱状；晶面有条纹，接触双晶或贯穿双晶，也可呈细粒集合体。
　　多为黄绿色，无色者少；玻璃光泽；半透明。解理中等。含微量Cr而呈绿色称"变石"，见蛋白光或星光者称"金绿猫眼石"。

　　（2）氢氧化物。主要为铝、铁、锰、镁的氢氧化物，如硬水铝石、针铁矿、水锰矿、硬锰矿、水镁石等矿物。

名称：针铁矿（Goethite）	化学式：FeO（OH）
硬度：5～5.5	相对密度：4.28，3.3（土状者）

　　斜方晶系。单晶体少见。呈针状或鳞片状、肾状、钟乳状、结核状或土状集合体。褐黄至褐红色；条痕褐黄色；半金属光泽，结核状、土状者光泽暗淡。解理{010}完全，参差状断口，性脆。

名称：硬锰矿（Psilomelane）	化学式：$BaMn^{2+}Mn_9^{4+}O_{20} \cdot 3H_2O$
硬度：4～6	相对密度：4.7

　　单斜晶系。通常呈葡萄状、钟乳状、树枝状或土状集合体等胶体形态。单晶体极为罕见。

　　灰黑至黑色；条痕褐黑至黑色；半金属光泽至暗淡。性脆。加H_2O_2剧烈起泡。

名称：水镁石（Brucite）	化学式：$Mg(OH)_2$
硬度：2.5	相对密度：2.3～2.6

　　三方晶系。晶体常呈板状、鳞片状、叶片状、不规则粒状集合体，有时呈纤维状集合体，称为纤水镁石。

　　白色、灰白色，含有锰或铁者呈红褐色；断口现玻璃光泽。解理平行{0001}极完全，解理薄片具挠性。具热电性。

名称：铝土矿（Bauxite）		名称：褐铁矿（Limonite）	
硬度：2～5	相对密度：2～4	硬度：1～4	相对密度：3.3～4

<table>
<tr>
<td>

铝土矿，不是一个矿物种，而是以极细的三水铝石、一水硬铝石或一水软铝石为主要组分，并包含数量不等的高岭石、蛋白石、赤铁矿、针铁矿等的混合物。

铝土矿呈土状、豆状、鲕状等。成分不固定，物理性质变化很大。灰白色－棕红色，土状光泽。在新鲜面上，用口呵气后有土臭味。

</td>
<td>

褐铁矿，不是一个矿物种，而是以针铁矿或水针铁矿为主要组分，并包含数量不等的纤铁矿、含水氧化硅、粘土等的混合物。

褐铁矿通常呈钟乳状、葡萄状、致密和疏松块状产出，呈各种色调的褐色，条痕褐色，在地表十分常见。

</td>
</tr>
</table>

四、注意事项

1. 锡石和金红石，因颗粒细无法估量它们的相对密度而无法区分它们时，可利用锡膜反应进行区分。将小颗粒矿物置于锌片上，滴几滴1:1 HCl，过几分钟后，若矿物表面出现锡白色的锡膜（被还原的金属锡），则该矿物为锡石，而金红石没有该种反应。

2. 石英有多种颜色的亚种和集合体形态，如白水晶、紫水晶、黄水晶等。隐晶质集合体有玛瑙、玉髓等。

3. 赤铁矿有很多集合体形态，不同集合体的外观颜色不同，但其条痕色都是樱红色，是其重要鉴定特征。镜铁矿（具金属光泽的玫瑰花状或片状集合体的赤铁矿）常因含磁铁矿的显微包裹体而显强磁性。

4. 致密块状铝土矿不易鉴定，加稀盐酸不起泡可与石灰岩区别。铝土矿的碎块浸于硝酸钴溶液中，然后置于酒精灯上灼烧，若矿物表面呈现蓝色，则是 Al 的反应。

实验十二 硅酸盐矿物之岛状硅酸盐矿物

一、目的和要求

1. 熟悉岛状硅酸盐矿物的形态和物理性质，了解其成分和结构的特点。
2. 掌握常见的岛状硅酸盐矿物的鉴定特征。
3. 了解类质同象矿物的物理性质变化。

二、理论知识要点

1. 含氧盐－硅酸盐概述

含氧盐：含氧酸根的络阴离子团与金属阳离子所组成的盐类化合物。络阴离子团构成：半径小、电荷高的中心阳离子 $+ O^{2-}$，团内键力（共价键）远大于 O^{2-} 与外部阳离子的键力（以离子键为主）。络阴离子团形状：四面体、平面三角形等形状，半径大。含氧盐矿物常为玻璃光泽，少数为金刚光泽、半金属光泽，不导电，导热性差。无水的具较高硬度和熔点，一般不溶于水。据络阴离子团种类分为：硅酸盐、碳酸盐、硫酸盐、磷酸盐、砷酸盐、钒酸盐、钨酸盐、钼酸盐、硼酸盐、铬酸盐、硝酸盐等。其中，硅酸盐是整个矿物系统中种类最多、分布最广的一类矿物。

硅酸盐：硅酸根与金属阳离子组成的化合物。矿物种数：600 余种，占已知矿物种数的 1/6。硅酸盐矿物在地壳中分布广泛，占岩石圈总质量的 85%，是三大类岩石（岩浆岩、变质岩、沉积岩）的主要造岩矿物。工业所需多种金属、非金属元素，很多都是从硅酸盐中提取，此外，很多宝玉石都是硅酸盐矿物或其集合体。硅酸盐矿物的阴离子主要为 $[SiO_4]^{4-}$ 四面体及其以不同形式连接而成的各种络阴离子，还有 OH^-、F^-、Cl^-、O^{2-}、$[CO_3]^{2-}$、$[SO_4]^{2-}$、$[PO_4]^{3-}$ 等附加阴离子，阳离子大约有 40 种，主要为惰性气体型阳离子和过渡型阳离子。$[SiO_4]$ 四面体是硅酸盐矿物晶体结构中最基本的单位，$[SiO_4]$ 四面体共角顶相联形成的络阴离子团为硅氧骨干，硅氧骨干形式多样，有岛状硅氧骨干、环状硅氧骨干、链状硅氧骨干、层状硅氧骨干、架状硅氧骨干，相对应地形成岛状硅酸盐矿物、环状硅酸盐矿物、链状硅酸盐矿物、层状硅酸盐矿物、架状硅酸盐矿物。

2. 岛状硅酸盐矿物

岛状硅酸盐中的硅氧骨干主要包括孤立四面体和双四面体硅氧骨干，还有一些附加阴离子如 O^{2-}、OH^-、F^-、Cl^- 等。阳离子比较复杂，由于每个硅氧四面体所给出的负电价分别为 -4 和 -3，因此，需要电价较高的三价和四价阳离子（Zr^{4+}、Ti^{4+}、

Al^{3+}、Fe^{3+}、Cr^{3+}等）加入晶格，二价阳离子（Mg^{2+}、Fe^{2+}、Mn^{2+}、Ca^{2+}等）也大量参加到晶格中来，但常和三、四价阳离子一起进入晶格。在岛状硅酸盐中，[SiO_4]四面体不被或很少被[AlO_4]四面体替代。

岛状硅酸盐结构比较紧密，阴阳离子的电价均比较高，因此一般具有高的硬度（大于5.5，6～8）和比重（>3）。化学键在骨干内以共价键为主，在骨干外以离子键为主，故显示离子晶格的特点。岛状硅酸盐矿物一般具有完好的晶形，颜色多呈无色或浅色，含过渡元素可呈黄、绿、蓝等色。透明至半透明，玻璃光泽或金刚光泽，折射率较高。

三、主要内容

1. 了解硅酸盐矿物的分类依据，了解岛状硅酸盐矿物的结构特点。

2. 根据岛状硅酸盐矿物的结构和成分特点，分析其形态和物理性质。

3. 了解锆石、橄榄石、Al_2SiO_5同质多象变体的晶体化学式，以及石榴子石族矿物的化学通式。

4. 通过手标本，比较Al_2SiO_5的三个同质多象变体在形态和物理性质上的差异。

5. 石榴石族矿物晶体的单形主要有菱形十二面体和四角三八面体，根据标本，判断钙系列石榴子石以哪种晶形为主，铝系列石榴子石以哪种晶形为主。

6. 掌握常见的岛状硅酸盐矿物，如锆石、石榴子石、橄榄石、红柱石、蓝晶石、夕线石、黄玉、十字石、榍石、符山石、绿帘石等矿物的外观鉴定特征。

名称：锆石（Zircon）	化学式：$Zr[SiO_4]$
硬度：7.5～8	相对密度：4.4～4.8

 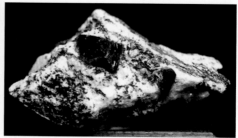

四方晶系。晶体呈四方双锥状、柱状，可依{011}成膝状双晶。锆石的形态具有标型：碱性岩中，四方双锥发育；酸性岩中，晶体外形呈柱状。

无色、黄、褐、绿、紫等；玻璃至金刚光泽，断口油脂光泽；透明至半透明。解理不完全，断口不平坦或贝壳状，性脆。

名称：石榴子石（Garnet）	化学式：$X_3Y_2[SiO_4]_3$， X：Ca^{2+}、Mg^{2+}、Fe^{2+}、Mn^{2+}等， Y：Al^{3+}、Fe^{3+}、Cr^{3+}等
硬度：6.5～7.5	相对密度：3.5～4.2

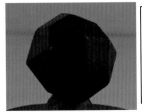

　　等轴晶系。常呈完好晶形，集合体常为致密粒状或致密块状。富Ca岩石中，多形成钙系石榴子石，以菱形十二面体为主；富Al岩石中，多形成铝系石榴子石，往往呈四角三八面体晶形。
　　不同色调的红、黄、绿色，白色或略呈淡黄褐色条痕。玻璃光泽，断口油脂光泽。无解理，有脆性。一般铁、锰、钛含量增加，相对密度增大。

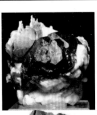

名称：橄榄石（Olivine）	化学式：$(Mg，Fe)_2[SiO_4]$
硬度：6.5～7	相对密度：3.27～4.37

　　斜方晶系。晶体呈柱状或厚板状。但完好晶形者少见，一般呈不规则他形晶粒状集合体。
　　镁橄榄石为白色，淡黄色或淡绿色，随成分中Fe^{2+}含量的增高颜色加深，而成深黄色至墨绿色或黑色，一般的橄榄石为橄榄绿色；玻璃光泽；透明至半透明。解理｛010｝中等，常见贝壳状断口。相对密度随Fe^{2+}含量的增加而增高。

名称：红柱石（Andalusite）	化学式：Al$_2$SiO$_5$
硬度：6.5～7.5	相对密度：3.15～3.16

　　斜方晶系。晶体呈柱状，横断面近正四边形。生长过程中俘获部分碳质和粘土呈定向排列时，横断面上呈黑十字形，纵断面上呈现黑色条纹，称为空晶石。集合体呈放射状排列，形似菊花，叫菊花石。

　　常为灰色、黄色、褐色、玫瑰色、肉红色或深绿色（含锰的变种），无色者少见；玻璃光泽。解理中等。硝酸钴试验呈Al的反应。

名称：蓝晶石（Kyanite）	化学式：Al$_2$SiO$_5$
硬度：4.5（∥c），6～7（⊥c）	相对密度：3.53～3.65

　　三斜晶系。常沿c轴呈偏平的柱状或片状晶形。双晶常见。有时呈放射状集合体。

　　蓝、青、白色，亦有灰、绿、黄、红和黑色者；玻璃光泽，解理面上有珍珠光泽。透明至半透明。硬度:∥c轴4.5，⊥c轴6~7，亦称二硬石。性脆。

名称：黄玉（黄晶）（Topaz）	化学式：$Al_2[SiO_4](F, OH)_2$
硬度：8	相对密度：$3.52 \sim 3.57$

　　斜方晶系。柱状晶形，横断面为菱形，柱面常有纵纹。也经常呈不规则粒状，块状集合体。
　　无色或微带蓝绿色，黄色，乳白色，黄褐色或红黄色等；透明；玻璃光泽，解理完全。

名称：十字石（Staurolite）	化学式：$FeAl_4[SiO_4]_2O_2(OH)_2$
硬度：7.5	相对密度：$3.74 \sim 3.83$

　　单斜晶系。短柱状或不规则粒状，十字或X形穿插双晶。
　　深褐，红褐，黄褐色；玻璃光泽，但风化后（或不纯净）常显暗淡无光或土状。解理{010}中等。

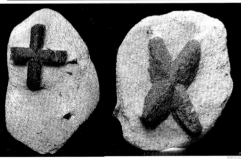

名称：榍石（Sphene or Titanite）	化学式：$CaTi[SiO_4]O$
硬度：5～6	相对密度：3.29～3.6

单斜晶系。常见晶形为具有楔形横截面的扁平信封状晶体。

蜜黄色、褐色、绿色、灰色、黑色，成分中含有较多量的MnO时，可呈红色或玫瑰色；条痕无色或白色；透明至半透明；金刚光泽，油脂光泽或树脂光泽。解理{110}中等。

名称：符山石（Vesuvianite）	化学式：$Ca_{10}(Mg,Fe)_2Al_4[Si_2O_7]_2[SiO_4]_5(OH,F)_4$
硬度：6.5	相对密度：3.33～3.45

四方晶系。晶体常沿c轴呈短柱状，亦呈致密块状和粒状或放射状集合体。

颜色多样，常呈黄、灰、绿和褐色，主要与铁的含量与价态有关，当Fe^{3+}较Fe^{2+}含量相对增加时，颜色由浅绿变褐色。Cr：宝石绿色；TiO_2和MnO：褐或粉红；Cu：蓝—蓝绿。透明，玻璃光泽，解理不完全。

名称：绿帘石（Epidote）	化学式：$Ca_3FeAl_2[SiO_4][Si_2O_7]O(OH)$
硬度：6	相对密度：$3.38 \sim 3.49$

单斜晶系。晶体常呈柱状，延长方向平行b轴。平行b轴晶带上的晶面具有明显的条纹。可依（100）成聚片双晶。常呈柱状、放射状、晶簇状集合体。

灰色、黄色、黄绿色、绿褐色或近于黑色，颜色随Fe^{3+}含量增加而变深，很少量Mn的类质同象替代使颜色显不同程度的粉红色；玻璃光泽；透明。解理｛001｝完全。相对密度随Fe含量增加而变大。

四、注意事项

1. 细粒的锆石和锡石因无法估量它们的相对密度而不能鉴定区分时，可利用锡膜反应区分。

2. 黄玉与石英的区别：黄玉柱面为纵纹，硬度为8；而石英晶面是横纹，硬度为7，以此区分。

3. 红柱石中含碳质和粘土物质时其横断面上呈黑十字，这种红柱石称为空晶石。有些红柱石呈放射状排列，形似菊花，叫菊花石。

实验十三 硅酸盐矿物之环状硅酸盐矿物

一、目的和要求

1. 熟悉环状硅酸盐矿物的形态和物理性质，了解其成分和结构的特点。
2. 掌握常见的环状硅酸盐矿物的鉴定特征。

二、理论知识要点

环状硅酸盐矿物，具有环状络阴离子团。其环状络阴离子，按环中四面体的数目，可分别称作三联环、六联环、八联环、九联环和十二联环。环内每一个四面体均以两个角顶分别与相邻的两个四面体连接；环与环之间则借助其它金属阳离子来维系。它们分别用 $[Si_3O_9]^{6-}$、$[Si_6O_{18}]^{12-}$、$[Si_8O_{24}]^{16-}$、$[Si_9O_{27}]^{18-}$、$[Si_{12}O_{36}]^{24-}$ 表示。硅氧四面体彼此之间共用两个角顶构成封闭的环状 $[Si_nO_{3n}]^{2n-}$（$n \geqslant 3$），如三方环 $[Si_3O_9]^{6-}$、四方环 $[Si_4O_{12}]^{8-}$ 及六方环 $[Si_6O_{18}]^{12-}$。

环状硅酸盐矿物多呈不同长宽比的柱状外形。环状络阴离子间主要以阳离子 Al^{3+}，Be^{2+}，Mg^{2+} 等联结，相当牢固，故矿物的硬度和化学稳定性较大；但因在环中有很大的空隙，所以密度不大。矿物中的空隙联成通道，还能容纳各种离子和分子。

环状硅酸盐矿物一般具有完好的晶形，多呈无色或浅色，透明至半透明，具玻璃光泽或金刚光泽，硬度较高（一般均大于 5.5），相对密度和折射率中等。

三、主要内容

1. 了解硅酸盐矿物的分类依据，了解环状硅酸盐矿物的结构特点。
2. 根据环状硅酸盐矿物的结构和成分特点，分析其形态和物理性质。
3. 了解绿柱石、堇青石、电气石的晶体化学式特征。
4. 掌握常见的环状硅酸盐矿物的外观鉴定特征，如绿柱石、堇青石、电气石等矿物。

名称：绿柱石（Beryl）	化学式：$Be_3Al_2[Si_6O_{18}]$
硬度：7.5～8	相对密度：2.6～2.9

六方晶系。晶体多呈长柱状，柱面常有纵纹，不含碱的比含碱的绿柱石柱面上条纹明显。也见放射状集合体和不规则块状。

纯的绿柱石为无色透明，常见的颜色有绿、黄绿、粉红、深鲜绿色等；玻璃光泽；透明至半透明。解理不完全。色美透明无瑕深蓝者称海蓝宝石，碧绿苍翠者称祖母绿。

名称：堇青石（Cordierite）	化学式：$(Mg,Fe)_2Al_3[AlSi_5O_{18}]$
硬度：7～7.5	相对密度：2.53～2.78

斜方晶系。完好晶体不常出现，有时呈假六方柱晶体。

无色，或浅蓝色、浅黄色；玻璃光泽；透明至半透明。解理{010}中等，贝壳状断口。

名称：电气石（Tourmalite）	化学式：$Na(Mg, Fe, Mn, Li, Al)_3 Al_6 [Si_6 O_{18}][BO_3]_3(OH, F)_4$
硬度：7～7.5	相对密度：3.03～325

三方晶系。晶体呈柱状，晶体两端晶面不对称，柱面上常出现纵纹，横断面呈球面三角形，集合体呈棒状、放射状、束针状，亦成致密块状或隐晶质块状。

颜色随成分不同而异：富Fe者呈黑色，富Li、Mn和Cs者呈玫瑰色或淡蓝色，富Mg者呈褐色或黄色，富Cr者呈深绿色。常围绕c轴有色带或c轴两端颜色不同。玻璃光泽，无解理，相对密度随铁、锰含量增加而增大。具压电性和热释电性。

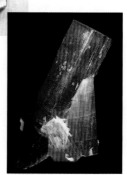

四、注意事项

1. 绿柱石具多种颜色，有无色、蓝色、绿色、粉红色、黄绿色，根据其柱状晶形、7.5～8 的高硬度及解理不发育等特征易于识别。

2. 电气石具多种颜色，有黑色、玫瑰色、淡蓝色、褐色、黄色、深绿色等。注意主要从它的形态等特征方面加以鉴别，电气石柱面常有纵纹，横断面呈球面三角形，无解理，硬度大（7～7.5）。

实验十四　硅酸盐矿物之链状硅酸盐矿物

一、目的和要求

1. 熟悉链状硅酸盐矿物的形态和物理性质，了解其成分和结构特点。
2. 掌握常见的链状硅酸盐矿物的鉴定特征。
3. 了解类质同象矿物的物理性质变化。

二、理论知识要点

1. 链状硅酸盐的概念

链状硅酸盐矿物的［SiO_4］四面体共角顶相联形成沿一维方向无限延伸的链状硅氧骨干，具有单链和双链两种硅氧骨干类型。链状硅氧骨干络阴离子沿 c 轴无限延伸，各链之间互相平行排列，链与链间靠金属阳离子联结。骨干外阳离子主要为惰性气体型离子（Na^+、Ca^{2+}、Mg^{2+}、Li^+、Al^{3+}）和过渡型离子（Mn^{2+}、Fe^{2+}、Fe^{3+}、Cr^{3+}），$Si-O$ 骨干中可有 Al^{3+} 代替 Si^{4+}，替代量 $\leqslant 1:3$，仅夕线石达 1/2。骨干链平行排列，近于紧密堆积，呈低级对称。骨干内为共价键，骨干外为离子键。具离子晶格属性的双链角闪石族含结构水，其他均无水。

2. 链状硅酸盐的特点

链状硅酸盐是重要的造岩矿物，普遍出现于中、基性火山岩和变质岩中。链状硅酸盐种类繁多：一是由于其硅氧骨干具有单链和双链，甚至各种多链的形式，最常见和最重要的链状硅酸盐的硅氧骨干分别为辉石式单链［Si_2O_6］$^{4-}$ 和角闪石式双链［Si_4O_{11}］$^{6-}$；二是由于类质同象现象普遍，发生类质同象虽不像岛状硅酸盐容易，但也仅次，因为链状硅氧骨干也比较容易通过调整（旋转或扭转）来达到结构的平衡，不仅一般金属阳离子是这样，还有中心阳离子。

3. 链状硅酸盐的形态及物性

链状硅酸盐矿物一般呈长短不等的柱状、针状、或纤维状，其平行链的方向具有中等至完全解理。链状硅酸盐矿物的硬度比岛状和环状硅酸盐矿物低，一般多在 5 ～ 6 之间，少数可至 7，除硅灰石硬度 < 小刀，其余的硬度 > 小刀。链状硅酸盐矿物颜色随成分而异，含惰性气体型阳离子（Ca、Mg 等）的矿物呈无色或浅色，含过渡型阳离子（Fe 、Mn 等）的矿物则显深彩色。一般链状硅酸盐矿物都具灰白色条痕、玻璃光泽、透明等物理性质。

4. 链状硅酸盐矿物的分类

链状硅酸盐矿物根据其结构和成分可分为单链硅酸盐矿物和双链硅酸盐矿物，其中单链硅酸盐矿物可分为辉石族矿物、硅灰石族矿物、蔷薇辉石族矿物，双链硅酸盐矿物可分为角闪石族矿物和夕线石族矿物。单链硅酸盐矿物中主要的辉石族矿物又分为斜方辉石亚族和单斜辉石亚族。双链硅酸盐矿物中主要的角闪石族矿物又分为斜方角闪石亚族和单斜角闪石亚族（见图 14 −1）。

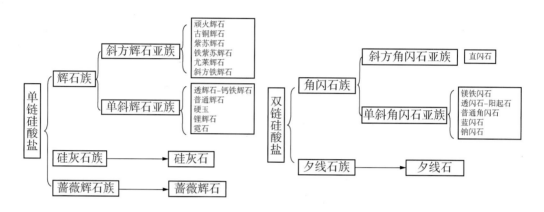

图 14 −1　链状硅酸盐矿物的分类

5. 主要矿物的化学组成及晶体结构

本亚类矿物中，单链的辉石族和双链的角闪石族矿物的分布最为广泛。

辉石族矿物是单链硅酸盐的主要矿物，其晶体结构中，［SiO_4］四面体各以两个角顶与相邻的［SiO_4］四面体共用，形成沿 c 轴方向无限延伸的单链，每两个［SiO_4］四面体为一重复周期，记为［Si_2O_6］，链与链之间借 Mg、Fe、Ca、Al 等金属离子相连。辉石族矿物化学通式为 XY［T_2O_6］：其中 X 为 Na^+、Ca^{2+}、Mn^{2+}、Fe^{2+}、Mg^{2+}、Li^+ 等大离子，占据链与链之间相对大的空隙 M2 位置；Y 为 Mn^{2+}、Fe^{2+}、Mg^{2+}、Fe^{3+}、Cr^{3+}、Al^{3+}、Ti^{4+} 等小离子，占据链与链之间相对小的空隙 M1 位置；T 为 Si^{4+}、Al^{3+}，少数情况下为 Fe^{3+}、Cr^{3+}、Ti^{4+} 等离子，占据结构中四面体位置。

角闪石族矿物是双链硅酸盐的主要矿物，其晶体结构通式可表示为：$A_{0-1}X_2Y_5$［T_4O_{11}］$_2$（OH，F，Cl）$_2$，$A = Na^+$、Ca^{2+}、K^+、H_3O^+，占据结构中的 A 位；$X = Na^+$、Li^+、K^+、Ca^{2+}，占据结构中的 M4 位；$Y = Mg^{2+}$、Fe^{2+}、Mn^{2+}，占据结构中的 M1、M2、M3 位；$T = Si^{4+}$、Al^{3+}、Fe^{3+}、Ti^{4+}，占据硅氧骨干中四面体中心。

三、主要内容

1. 了解硅酸盐矿物的分类依据，了解链状硅酸盐矿物的结构特点，单链及双链硅酸盐矿物的特点。

2. 根据链状硅酸盐矿物的结构和成分特点，分析其形态和物理性质。

3. 掌握常见单链和双链硅酸盐矿物的外观鉴定特征。

（1）单链硅酸盐矿物。主要有顽火辉石、古铜辉石、紫苏辉石、铁紫苏辉石、尤莱辉石、斜方铁辉石、透辉石-钙铁辉石、普通辉石、硬玉、锂辉石、霓石、硅灰石、蔷薇辉石等矿物。

名称：透辉石（Diopside） —钙铁辉石（Hedenbergite）	化学式：$CaMg[Si_2O_6]$ —$CaFe[Si_2O_6]$
硬度：5.5～6	相对密度：3.22～3.56

透辉石	Di 100–75	无色	超基性	镁夕卡岩	较高温	密度小	
次透辉石	Di 75–50	浅绿色					Di：透辉石
铁次透辉石	Di 50–25	绿色					
钙铁辉石	Di 25–0	黑绿色	基性	钙夕卡岩	较低温	密度大	

单斜晶系。短柱状，横断面呈正方形或正八边形。常依（100）和（001）呈简单双晶和聚片双晶。集合体呈粒状和放射状。

随铁含量增加从透辉石的无色或白色逐渐变为次透辉石的绿色至钙铁辉石的黑绿色；无色至深绿色条痕；玻璃光泽。{110}完全解理，解理夹角87°，相对密度随Fe^{2+}含量的增大而增大。

名称：普通辉石（Augite）	化学式：Ca（Mg，Fe^{2+}，Fe^{3+}，Ti，Al）$[(Si，Al)_2O_6]$
硬度：5.5～6	相对密度：3.23～3.52

　　单斜晶系。短柱状晶体。横断面呈正八边形。普通辉石亦呈粒状。
　　灰褐、褐、绿黑色；条痕无色至浅褐色。解理{110}完全，夹角87°；具{100}、{010}裂开。

名称：硬玉（Jadeite）	化学式：NaAl$[Si_2O_6]$
硬度：6.5	相对密度：3.24～3.43

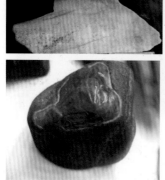

　　单斜晶系。自形晶体较少见，具有两种不同习性的晶体，呈柱状和板状。最常出现的是粒状或纤维状集合体。隐晶集合体称为翡翠，高档玉石。
　　无色、白色，浅绿或苹果绿色；玻璃光泽。解理完全，解理夹角87°；断口不平坦，呈刺状。坚韧。

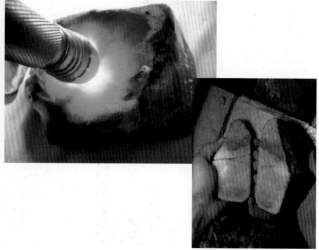

名称：锂辉石（Spodumene）	化学式：LiAl〔Si_2O_6〕
硬度：6.5～7	相对密度：3.03～3.23

　　单斜晶系。常呈柱状晶体，柱面常具纵纹。有时可见巨大晶体（长达16 m）。集合体呈（100）发育的板柱状、棒状，也可呈致密隐晶块状。

　　灰白色，烟灰色，灰绿色。翠绿色的锂辉石称为翠绿锂辉石，是成分中含Cr所致，成分中含Mn呈紫色的称为紫色锂辉石；玻璃光泽，解理面微显珍珠光泽。｛110｝解理完全，夹角87°。具负膨胀性。

名称：硅灰石（Wollastonite）	化学式：Ca_3〔Si_3O_9〕	
硬度：4.5～5.5	相对密度：2.75～3.10	熔点：1540 ℃

　　三斜晶系。晶体常呈沿b轴延长的板状晶体（故以前称为板石）。呈片状、放射状或纤维状集合体。

　　白色或带灰和浅红的白色，有少数呈肉红色；玻璃光泽，解理面有时呈现珍珠光泽。解理夹角74°。已知含Mn 0.02%～0.1%的硅灰石能发出强的黄色阴极强荧光。

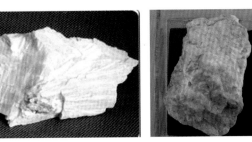

名称：蔷薇辉石（Rhodonite）	化学式：$(Mn，Ca)_5 [Si_5O_{15}]$
硬度：5.5～6.5	相对密度：3.40～3.75

　　三斜晶系。平行（001）厚板状、粒状。晶面粗糙，晶棱弯曲。有时依（010）呈聚片双晶。常呈粒状或致密块状集合体。

　　蔷薇红色，表面常覆有黑色氢氧化锰被膜；玻璃光泽。{110}和{1$\bar{1}$0}两组解理完全，{001}解理不完全，三组解理交角近于90°。

　　（2）双链硅酸盐矿物。主要有直闪石、镁铁闪石、透闪石-阳起石、普通角闪石、蓝闪石、钠闪石、夕线石等矿物。

名称：直闪石（Anthophyllite）	化学式：$(Mg，Fe)_7 [Si_4O_{11}]_2 (OH)_2$
硬度：5.6～6	相对密度：2.85～3.57

　　斜方晶系。晶体常呈柱状和板状，常见柱状和纤维集合体，纤维状直闪石称直闪石石棉。

　　白色、灰色或带绿色；玻璃光泽。解理{210}完全，夹角125°30′。

名称：透闪石（Tremolite） —阳起石（Actinolite）	化学式：$Ca_2Mg_5[Si_4O_{11}]_2(OH)_2$ —$Ca_2(Mg, Fe^{2+})_5[Si_4O_{11}]_2(OH)_2$
硬度：5～6	相对密度：3.02～3.44

　　单斜晶系。晶体细柱状，集合体常呈柱状、放射状、纤维状。有时可见致密隐晶的浅色块体，有时可以见到（100）聚片双晶。阳起石形态上以放射状集合体为特征。透闪石或阳起石的致密坚韧并具刺状断口的隐晶质块体称为软玉，为高档玉石。

　　透闪石为白色或灰色，阳起石为深浅不同的绿色。解理沿{110}完全，解理夹角56°。随铁含量的增加，颜色及相对密度会加深及增大。

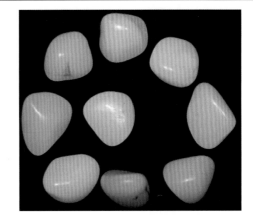

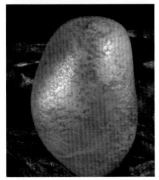

名称：普通角闪石（Hornblende）	化学式：$Ca_2Na(Mg,Fe)_4(Al,Fe^{3+})$ $[(Si,Al)_4O_{11}]_2(OH)_2$
硬度：5～6	相对密度：3.1～3.3

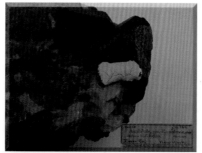

单斜晶系。常呈柱状晶体。横断面呈假六边形，双晶依 {100} 成接触双晶。常呈细柱状、纤维状集合体。

深绿色到黑绿色；条痕无色或白色；玻璃光泽。解理 {110} 完全，二组解理夹角为124°或56°。

名称：蓝闪石（Glaucophane）	化学式：$Na_2Mg_3Al_2[Si_4O_{11}]_2(OH)_2$
硬度：6～6.5	相对密度：3.1～3.2

单斜晶系。晶体少见。集合体常呈放射状、纤维状。

灰蓝、深蓝至蓝黑色；条痕蓝灰色；玻璃光泽。解理 {110} 完全。

名称：夕线石（Sillimanite）	化学式：Al［AlSiO₅］
硬度：6.5～7.5	相对密度：3.23～3.27

　　斜方晶系。晶体呈长柱状或针状。柱面上具有条纹。集合体呈放射状或纤维状。有时呈毛发状，在石英、长石晶体中作为包裹体存在。毛发状夕线石称为细夕线石。

　　白色、灰色或浅绿、浅褐色等；玻璃光泽。

四、注意事项

　　1. 当透闪石和硅灰石两者的解理特征难以看清时，可将其矿物粉末置于浓盐酸中，透闪石不溶于酸，而硅灰石则变为絮状物。

　　2. 链状硅酸盐矿物类质同象现象普遍，注意体会其性质随类质同象成分变化而变化，如 Mg—Fe，矿物颜色会逐渐变深等。

　　3. 锂辉石只产于伟晶岩形成过程的锂交代作用阶段而成为标型矿物，这一点可作为识别锂辉石的特征之一。

实验十五　硅酸盐矿物之层状硅酸盐矿物

一、目的和要求

1. 熟悉层状硅酸盐矿物的形态和物理性质，了解其成分和结构特点。
2. 掌握常见的层状硅酸盐矿物的外观鉴定特征。

二、理论知识要点

层状硅酸盐矿物即由层状硅氧骨干络阴离子构成的矿物。

层状硅酸盐矿物具有层状硅氧骨干：$[SiO_4]$ 四面体以角顶相连，形成在两度空间上无限延伸的层。在层中每一个 $[SiO_4]$ 四面体以 3 个角顶与相邻的 $[SiO_4]$ 四面体相联结。如滑石（$Mg_3[Si_4O_{10}](OH)_2$）的层状硅氧骨干 $[Si_4O_{10}]$。

（1）氧骨干及其连接——四面体片与八面体片。$[SiO_4]$ 四面体分布在一个平面内，彼此以 3 个角顶相连，从而形成二维延展的网层（最常见的为六方形网），称为四面体片，以字母 T 表示。

在四面体片中，每一个四面体只有一个活性氧（或端氧）。活性氧通常指向同一方向，从而形成一个也按六方网格排列的活性氧平面，羟基 OH 位于六方网格中心，与活性氧处于同一平面上，上下两层四面体片，以活性氧（及 OH）相对，并相互以最紧密堆积的方式错开叠置（错开位移为 $1/3a_0$），在其间形成了八面体空隙，其中为六次配位的 Mg、Al 等充填，配位八面体共棱联结形成了八面体片，以字母 O 表示。

（2）八面体片的结构与组成——二八面体型与三八面体型结构。在四面体片与八面体片相匹配中，$[SiO_4]$ 四面体所组成的六方环范围内有 3 个八面体与之相适应。当这 3 个八面体中心位置均为二价离子（如 Mg^{2+}）占据时，所形成的结构为三八面体型结构，意指 3 个八面体全部充满；若其中充填的为三价离子（如 Al^{3+}），为使电价平衡，这 3 个八面体位置将只有两个为离子充填，有一个空着的，这种结构称为二八面体型结构，意指只充满了 2/3 的八面体。若二价离子和三价离子同时存在，则可形成过渡型结构。

（3）结构单元层类型——TO 型与 TOT 型。层状硅酸盐的结构单元是由四面体片（T）与八面体片（O）以一定方式组合而成的。结构单元层有两种基本类型：由一个四面体片（T）和一个八面体片（O）组成的 1∶1 型（或 TO 型）和由两个四面体片（T）夹一个八面体片（O）组成的 2∶1 型（或 TOT 型）。TO 型单元层中的八面体是由 Mg^{2+} 和 Al^{3+} 等中心阳离子与四面体片的端氧和 OH 及另一层 OH 配位后形成的；TOT 型单元层中的八面体片是由 Mg^{2+} 和 Al^{3+} 等中心阳离子与上下相对的两个四面体片的活性氧和 OH 配位后形成的（见图 15 – 1 及图 15 – 2）。

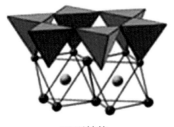
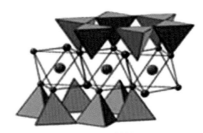

TO型结构   TOT型结构

图 15 – 1 结构单元层类型

蛇纹石：$Mg_3[Si_2O_5](OH)_4$，TO 型举例   滑石：$Mg_3[Si_4O_{10}](OH)_2$，TOT 型举例

图 15 – 2 TO 型及 TOT 型举例

（4）层间域。结构单元层在垂直网片方向周期性地重复叠置构成层状结构的空间格架，而在结构单元层之间存在的空隙称层间域。

如果结构单元层内部电荷已达平衡，层间域无需阳离子存在，如滑石、高岭石、叶蜡石等矿物的结构；如果结构单元层内部电荷未达平衡，即尚具有一定的层电荷，层间域有一定量的阳离子，如 Na、K、Ca 等，吸附水分子和有机分子，如云母、蒙脱石等矿物的结构。层间域中有无离子、不同离子的存在或分子吸附，将大大地影响矿物的物理性质（如硬度、解理、弹性、离子交换性等）及晶胞参数（见图 15 – 3）。

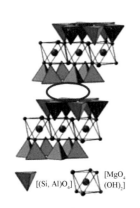
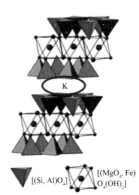
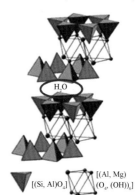

滑石层间域中无阳离子   云母层间域中有 K 离子   蒙脱石层间域中有 H_2O 分子

图 15 – 3 层间域

（5）粘土矿物及其特性。"粘土"这一术语有两种含义，其一是指粒度小于 2 μm 的任何矿物，其二是指具有层状结构的硅酸盐矿物，不考虑粒度大小。目前认为，以上两种含义综合起来才是真正的粘土矿物，也就是说所有像粘土粒级的层状硅酸盐矿物才是真正的粘土矿物，即小于 2 μm 的层状硅酸盐矿物称为粘土矿物。

粘土矿物具有一些特性，如吸附性、离子交换性、吸水膨胀性、加热膨胀性、可塑性、烧结性等，这些性质赋予层状硅酸盐矿物具特殊的工业应用价值。另外，结构越无序、缺陷越多、颗粒越细，其活性越好，所以，采取各种方法"破坏"结构，制造晶格缺陷，增加矿物的细度和比表面积，已成为粘土矿物深加工的重要课题。

三、主要内容

1. 了解硅酸盐矿物的分类依据，了解层状硅酸盐矿物的结构特点。

2. 根据结构及成分特点，分析常见层状结构硅酸盐矿物的形态和物理性质。

3. 掌握常见层状硅酸盐矿物的外观鉴定特征，如蛇纹石、高岭石、滑石、叶腊石、白云母、黑云母、金云母、锂云母、绿泥石、蒙脱石、埃洛石、蛭石等矿物。

名称：蛇纹石（Serpentine）	化学式：$Mg_6[Si_4O_{10}](OH)_8$
硬度：2.5～4	相对密度：2.2～3.6

单斜晶系。TO型-三八面体型层状结构。叶片状、鳞片状，通常呈致密块状。有时表面现波状揉皱。

深绿、黑绿、黄绿等各种色调的绿色，并常呈青、绿色，斑驳如蛇皮。铁的代入使颜色加深、密度增大。油脂或蜡状光泽，纤维状者呈丝绢光泽。除纤维状者外，解理｛001｝完全。纤维状者称蛇纹石石棉，亦称温石棉。质地细腻色美者为岫玉。

名称：高岭石（Kaolinite）	化学式：Al$_4$［Si$_4$O$_{10}$］（OH）$_8$
硬度：2～3.5	相对密度：2.60～2.63

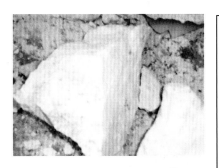

　　三斜晶系。TO型–二八面体型层状结构。多为隐晶质致密块状或土状集合体。电镜下呈平行于（001）的假六方板状、半自形或他形片状晶体，集合体为鳞片状。
　　纯者白色，因含杂质可染成深浅不同的黄、褐、红、绿、蓝等各种颜色；致密块体呈土状光泽或蜡状光泽。{001}极完全解理。土状块体具粗糙感，干燥时具吸水性（粘舌），湿态具可塑性，但不膨胀。

名称：滑石（Talc）	化学式：Mg$_3$［Si$_4$O$_{10}$］（OH）$_2$
硬度：1	相对密度：2.58～2.83

　　单斜晶系。TOT型–三八面体型层状结构。微细晶体为假六方或菱形板状片状，但很少见，常呈致密块状。
　　纯者为白色，含杂质时可呈其它浅色；玻璃光泽，解理面显珍珠光泽晕彩。解理{001}极完全，致密块状者呈贝壳状断口。富有滑腻感，有良好的滑润性能。解理薄片具挠性。

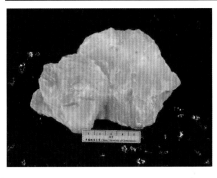
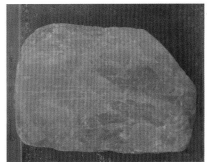

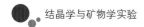
名称：叶蜡石（Pyrophyllite）	化学式：$Al_2[Si_4O_{10}](OH)_2$
硬度：1～1.5	相对密度：2.65～2.90

　　单斜和三斜晶系。TOT型-二八面体型层状结构。完好晶形少见。常呈叶片状、鳞片状或隐晶质致密块体，有时呈放射叶片状集合体。

　　白色、浅绿、浅黄或淡灰色；玻璃光泽，致密块状者呈油脂光泽，解理面呈珍珠光泽。解理{001}极完全，隐晶质致密块体具贝壳状断口。有滑感，解理片具挠性。质地细腻者可用作雕刻工艺品和印章等。

名称：白云母（Muscovite）	化学式：$K\{Al_2[AlSi_3O_{10}](OH)_2\}$
硬度：2.5	相对密度：2.76～3.00

　　单斜晶系。TOT型-二八面体型层状结构。假六方板状、短柱状；集合体呈叶片状、鳞片状；呈极细小鳞片状集合体并具丝绢光泽者，称绢云母。

　　无色透明，含杂质者淡灰、浅绿等色；玻璃光泽，解理面呈珍珠光泽，{001}极完全解理；薄片具弹性，具良好电绝缘性。

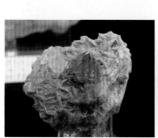

名称：黑云母（Biotite） —金云母（Phlogopite）	化学式：$K\{(Mg,Fe)_3[AlSi_3O_{10}](OH)_2\}$ $—K\{Mg_3[AlSi_3O_{10}](OH)_2\}$
硬度：2.5	相对密度：3.02～3.12（黑云母）； 2.7～2.85（金云母）

　　单斜晶系。假六方板状或锥形短柱状。片状或鳞片状集合体。

　　黑云母在颜色上以黑、深褐色为主；富Ti者呈浅红褐色，富Fe^{3+}者呈绿色。金云母以棕色、浅黄色为主。玻璃光泽，解理面呈珍珠光泽。{001}极完全解理。

名称：锂云母（Lepidolite）	化学式：$K\{Li_{2-x}Al_{1+x}[Al_{2x}Si_{4-2x}O_{10}](F,OH)_2\}$，其中 x = 0～0.5
硬度：2～3	相对密度：2.8～2.9

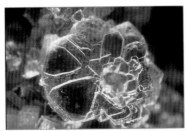

　　单斜和三方晶系。TOT型-三八面体型层状结构。假六方板状晶体少见。常呈细小鳞片状集合体，故又名鳞云母。

　　玫瑰色、浅紫色，有时为白色；含锰时呈桃红色；风化后有些呈暗褐色。透明，玻璃光泽，解理面呈珍珠光泽。薄片具弹性。

名称：蛭石（Vermiculite）	化学式：$(Mg, Ca)_{0.3-0.45}(H_2O)_n\{(Mg, Fe^{3+}, Al)_3[(Si, Al)_4O_{10}](OH)_2\}$
硬度：$1 \sim 1.5$	相对密度：$2.4 \sim 2.7$

单斜晶系。TOT型–三/二八面体型层状结构。粗粒蛭石多由黑云母、金云母等转变而来，保留云母的片状晶形，细粒者呈土状并与其它粘土矿物混在一起，极难区分。

褐、黄褐、金黄、青铜黄色，有时带绿色；光泽较黑云母弱，常呈油脂光泽或珍珠光泽。解理｛001｝完全，解理片微具或不具弹性。灼热时体积膨胀，膨胀后，体积增大15~40倍，相对密度减少至0.6~0.9。

名称：蒙脱石（Montmorillonite）	化学式：$(Na, Ca)_{0.3}(H_2O)_n\{(Al, Mg)_2[(Si, Al)_4O_{10}](OH)_2\}$
硬度：$2 \sim 2.5$	相对密度：$2 \sim 2.7$

单斜晶系。TOT型–二八面体型层状结构。电子显微镜下为片状、板状或纤维状。常呈土状、隐晶质块状集合体。

白色，有时呈浅灰、粉红、浅绿色。鳞片状者完全解理，柔软，有滑感。加水膨胀，具有很强的吸附力、阳离子交换性及热稳定性。可塑性、粘结性良好。

四、注意事项

1. 当高岭石、埃洛石和蒙脱石难以区分时，矿物块体表面干裂后碎成棱角状者为埃洛石，矿物碎块加水后，体积迅速膨胀者为蒙脱石。

2. 块状叶腊石和滑石不易区分时，可以根据其硬度的细微差异加以区分，用指甲刻，滑石容易刻出痕迹，而叶腊石稍难。另外，还可以利用测定 pH 值法加以区分：在素瓷板上滴一滴水，以矿物碎块轻磨约半分钟获得乳浊状溶液，用石蕊试纸检测，叶腊石 pH 值约为 6，滑石 pH 值约为 9。

3. 蛇纹石石棉和闪石石棉的区分方式是：把石棉放在研钵中研磨，蛇纹石石棉成混乱的毡团，纤维不易分开，而闪石石棉研磨后易分成许多细小的纤维。

4. 蛭石灼烧时，其体积迅速膨胀到 2～25 倍，形成银灰色蛭虫状，这是其显著鉴别特征。

实验十六 硅酸盐矿物之架状硅酸盐矿物

一、目的和要求

1. 熟悉架状硅酸盐矿物的形态和物理性质，了解其成分和结构特点。
2. 掌握常见的架状硅酸盐矿物的鉴定特征。

二、理论知识要点

1. 架状结构中，Al^{3+}、Be^{2+} 取代 Si^{4+} 的必要性

架状硅酸盐矿物，在骨干中每个 $[SiO_4]$ 四面体 4 个角顶全部与其相邻的 4 个 $[SiO_4]$ 四面体共用，每个氧与两个硅相联系。因此，所有的氧都将是惰性的，即所有的氧的电荷已经被硅中和了，骨干外不再需要其他阳离子了，这种情况就形成了 SiO_2 矿物，如石英。如果要形成架状的硅酸盐，则必须有一部分 Si^{4+} 被 Al^{3+}（或 Be^{2+}）代替，产生多余的负电荷，从而引进架状骨干外的阳离子来进行中和。所以，架状硅酸盐必为铝硅酸盐或铍硅酸盐。最常见的骨干外阳离子都是一些电价低、半径大、配位数高的阳离子，如 K^+、Na^+、Ca^{2+}、Ba^{2+} 等，偶尔还有 Rb^+、Cs^+ 等。常见的 Mg^{2+}、Fe^{2+}、Mn^{2+}、Fe^{3+}、Al^{3+} 等则很少出现，这是因为架状中空隙较大，要求大半径阳离子充填；同时 $Al^{3+} \rightarrow Si^{4+}$ 的数目有限，产生的负电荷不多，要求低电价阳离子来中和。

2. 架状硅酸盐结构中形成巨大的空隙

$[SiO_4]$ 四面体沿三维空间作架状联接，有时在结构中可以形成巨大的空隙，它们甚至连通成孔道。矿物成分中的 F^-、Cl^-、OH^-、S^{2-}、$[SO_4]^{2-}$、$[CO_3]^{2-}$ 附加阴离子即存在于这些空隙中，它们与 K^+、Na^+、Ca^{2+} 等阳离子相连，以补偿结构中过剩的正电荷。沸石矿物中的"沸石水"也占据在这些空隙或孔道中，它们逸出（或重新进入）时不改变矿物的晶体结构。

3. 架状结构硅酸盐的形态物性

架状硅酸盐的形态和物性取决于各自的结构成分特点，当架状中键力各方向无明显差异时，矿物呈粒状，解理也差，如白榴石；当某方向键力强于或弱于其他方向时，则呈片状、板状或柱状、针状，相应也会出现解理，如长石、沸石等。架状结构中键力较强，所以硬度较大，仅次于岛状硅酸盐矿物，且由于很少含 Fe^{2+}、Mn^{2+} 等色素离子，一般呈浅色。因结构中存在着较大的空隙，相对密度较小，折射率也较低。

4. 架状硅酸盐矿物亚类

本亚类矿物包括长石族（无附加阴离子）、似长石族、方柱石族（含附加阴离子）、方钠石族、沸石族（含水），其中长石族矿物最为重要。

（1）长石族矿物。长石最重要的结构单元为 $[TO_4]$ 组成的四元环，有近$\perp a$ 轴的（201）四元环和$\perp b$ 轴的（010）四元环，由两对不等效的 $[TO_4]$（T_1 和 T_2）组成。见图 16-1。

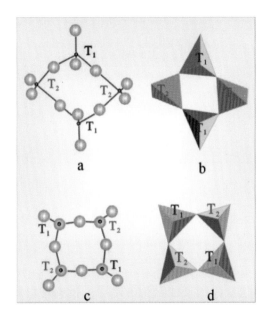

图 16-1　长石结构中的四元环

长石结构相似，但也存在不少差异，因素主要有：①骨干外阳离子大小。阳离子越大，越能撑开整个架状结构，对称越高，如 $K[AlSi_3O_8]$，为单斜对称；阳离子越小，越不能撑开整个架状结构，结构发生收缩变形，对称变低，例如 $Na[AlSi_3O_8]$、$Ca[Al_2Si_2O_8]$，都为三斜晶系。②温度和压力的影响。除了具有 Al_2Si_2 成分的长石在任何温度下原子都有序以外，其它长石在高温下原子为无序，这使得骨架结构趋向于更规则，随着结晶温度的降低，Si、Al 有序程度增加，对称程度降低。压力的增大则使结构趋向于更紧密。③骨干内 Si、Al 的有序、无序。指在 $[TO_4]$ 四面体中，$Al^{3+} \rightarrow Si^{4+}$ 占位是有序还是无序，有序—无序程度直接影响着晶体的对称和轴长。

关于长石的形态物性，一般来说，长石晶体多呈平行（010）板状，或呈沿 a 轴延伸的柱状。发育的单形一般是 {010} 和 {001} 两种平行双面，与结构中链的方向及完善程度最好的解理方向一致。双晶很发育，常见多种类型的双晶。浅色，常见灰白色或肉红色。玻璃光泽。{001} 和 {010} 完全解理，夹角等于或近于 $90°$（单斜为 $90°$，三斜近于 $90°$）。硬度 6～6.5。比重较小（2.5～2.7）。

长石族矿物是一种重要的造岩矿物，它大约占地壳重量的 50%，为其体积的 60%。长石族矿物广泛产出于各种成因类型的岩石中。自然界的大多数长石都包含在 K[AlSi$_3$O$_8$]、Na[AlSi$_3$O$_8$]、Ca[Al$_2$Si$_2$O$_8$] 三成分体系中，据此，长石又可分为碱性长石和斜长石。

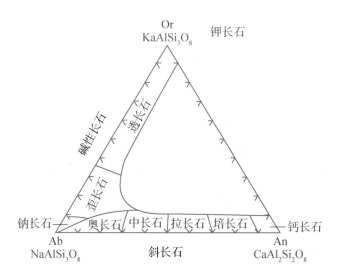

图 16 −2　斜长石和高温碱性长石成分命名图解 （据 Klein & Hurlbur，1993）

（2）似长石族矿物。具架状骨干硅酸盐矿物还有霞石族、白榴石族、方钠石族、日光榴石族和方柱石族等，它们一般统称为似长石（Feldspqthoids）矿物，因为它们与长石矿物相似，同为不含水的架状结构硅酸盐，但具有下列特点：①（K 或 Na）与（Si + Al）含量比，霞石中为 1∶2，白榴石中约为 1∶3，而长石中为 1∶4，故似长石矿物多是在富碱贫硅的介质中形成的，一般不与石英共生。②结构开阔并较松弛，具有较大的空洞，易于容纳半径大的 K$^+$、Na$^+$、Ca^{2+}、Li$^+$、Cs$^+$ 等阳离子。与长石族矿物比较，似长石矿物的相对密度较低，一般在 2.3～2.6；硬度较小，约为 5～6.5；折射率低，一般在 1.48～1.54。

（3）沸石族矿物。除了前述长石、似长石外，架状铝硅酸盐还有沸石族，它为含水的架状硅酸盐，一般化学式为 A$_m$X$_p$O$_{2P}$·nH$_2$O，其中 A = Na、Ca、K 和少量的 Ba、Sr、Mg 等，X = Si、Al。m 的高低反映了结构中空隙体积与整个结构体积间的关系。本族矿物化学组成变化很大，许多沸石只能给出近似的化学式。

沸石族矿物为含水的碱金属或碱土金属的架状结构铝硅酸盐矿物。受热时，结构中的水急速汽化排出，状似沸腾，故名。天然沸石约有 36 种，代表性矿物种为浊沸石、片沸石和方沸石。

沸石具有独特的形态物性：①具宽阔的空洞和通道结构，被 A 离子和沸石水占据。孔道与外界相通，沸石水可自由出入，其含量随外界环境的改变而改变，但不破坏晶体结构。②常见纤维状、束状、柱状、板状，也有菱面体、八面体、立方体等近三向等长的粒状形态。③一般为无色、白色或浅色，含杂质而染色；有的沸石有发光性。相对密度轻（一般在 1.9～2.3），硬度低（一般为 3.5～5.5），折射率低，易分解。一般都有一组完全解理。具特殊的构造和性能，具很强的吸附性和阳离子交换性能等。④一般产出于火山岩、火山沉积岩。

三、主要内容

1. 了解硅酸盐矿物的分类依据，了解架状硅酸盐结构特点。

2. 根据其结构成分特点，分析常见架状硅酸盐矿物的形态和物理性质。

3. 掌握常见架状硅酸盐矿物的外观鉴定特征，如长石族的透长石、正长石、微斜长石、冰长石、歪长石、斜长石，似长石族的霞石、白榴石、方柱石，沸石族的沸石。

名称：透长石（Sanidine）	化学式：K［AlSi$_3$O$_8$］
硬度：6	相对密度：2.54～2.57

单斜晶系。板状或短柱状。
　无色、白色或灰白色，含杂质者呈肉红、浅黄、棕色等；玻璃光泽；透明。

名称：正长石（Orthoclase）	化学式：K〔AlSi₃O₈〕
硬度：6	相对密度：2.57

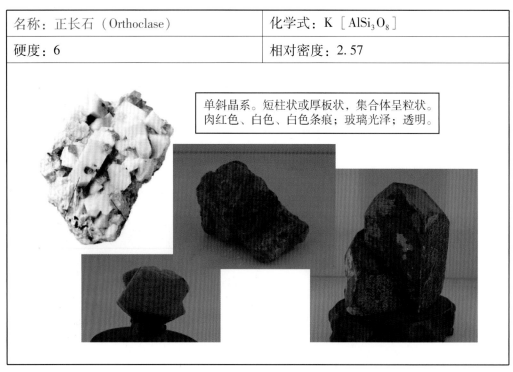

单斜晶系。短柱状或厚板状，集合体呈粒状。
肉红色、白色、白色条痕；玻璃光泽；透明。

名称：微斜长石（Microcline）	化学式：K〔AlSi₃O₈〕
硬度：6	相对密度：2.57

三斜晶系。板状或短柱状，常呈粗大晶体。
肉红色、白色；白色条痕；玻璃光泽；透明。
含Rb和Cs的蓝绿色异种称天河石。

名称：斜长石（Plagioclase）	化学式：$Na_{1-x}Ca_x\left[Al_{1+x}Si_{3-x}O_8\right]$
硬度：$6\sim6.5$	相对密度：$2.61\sim2.76$

　　三斜晶系。板状，常见聚片双晶，在晶面或解理面上可见细而平行的双晶纹。

　　白色或灰白色，某些拉长石由于聚片双晶使光发生干涉而产生彩虹效应（晕彩）；由于分布均匀、定向排列的微细包裹体（赤铁矿、针铁矿、绿云母等）而产生闪光效应的称日光石；玻璃光泽；透明。

名称：霞石（Nepheline）	化学式：（Na，K）$\left[AlSiO_4\right]$
硬度：$5\sim6$	相对密度：$2.55\sim2.66$

　　六方晶系。晶体常呈六方柱，或厚板状。常呈貌似单晶的双晶。也可有粒状或致密块状集合体。

　　常呈无色、白色、灰色或微带各种色调；条痕无色或白色；透明，混浊者似乎不透明；玻璃光泽，断口呈明显的油脂光泽，故称之为"脂光石"。具贝壳状断口，性脆。

名称：白榴石（Leucite）	化学式：K $[AlSi_2O_6]$
硬度：5.5～6	相对密度：2.4～2.5

四方晶系，常呈假等轴晶系。通常所见的白榴石晶体仍保留着等轴晶系的外形（为副象），晶面上有时可见双晶条纹。常呈粒状集合体。

常呈白色、灰色或炉灰色，有时带有浅黄色调；条痕无色或白色；透明；玻璃光泽。无解理，断口呈油脂光泽。

名称：沸石（Zeolite）	化学式：$A_mX_pO_{2p} \cdot nH_2O$，A 为 Na、Ca、K 和少量的 Ba、Sr、Mg 等；X 为 Si、Al。
硬度：3.5～5.5	相对密度：1.9～2.3

沸石族矿物所属晶系不一，结构孔道维数有别，导致其形态物性有差别。多种沸石都呈纤维状、束状，部分呈板状和粒状。

多无色或白色，因含杂质而被染成其他颜色，有的沸石具有发光性。折射率低，易被酸分解。

片沸石

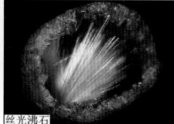

丝光沸石

方沸石

四、注意事项

1. 钾长石和斜长石除了可通过外观特征判别外，还可采用染色法：在矿物颗粒表面或磨光面上涂以氢氟酸，半分钟后用水洗净，再用亚硝酸钴钠溶液涂其表面，过一分钟再用水洗净，钾长石被染成黄色，而斜长石不染色。

2. 当霞石和石英两者难以区别时，可将矿物粉末置于试管中，加浓盐酸煮沸几分钟后，残渣中有胶状者为霞石。

实验十七　碳酸盐和其他含氧盐矿物

一、目的和要求

1. 熟悉碳酸盐等矿物的形态和物理性质，了解其成分和结构特点。
2. 掌握常见的碳酸盐等矿物的鉴定特征。

二、理论知识要点

含氧盐矿物为含氧酸根的络阴离子团与金属阳离子所组成的盐类化合物，按络阴离子团种类分，除了非常重要的硅酸盐大类矿物之外，含氧盐还包括碳酸盐、硫酸盐、磷酸盐、砷酸盐、钒酸盐、钨酸盐、钼酸盐、硼酸盐、铬酸盐、硝酸盐等矿物，其中碳酸盐类矿物相对更重要。

1. 碳酸盐矿物概述

碳酸盐矿物是金属阳离子与碳酸根 CO_3^{2-} 结合而成的含氧盐矿物，目前已知的该类矿物 100 余种，占地壳总质量的 1.7%。碳酸盐矿物是构成海相地层的巨厚地层的组成成分（$CaCO_3$、$FeCO_3$、$CaMg[CO_3]_2$、$MnCO_3$），是生物骨骼的主要成分，是非金属与 Fe、Mg、Mn、Zn、Cu 等金属元素及放射性元素 Th、U 和稀土元素的重要矿物原料。一些碱金属的碳酸盐矿物可溶于水，所有的碳酸盐均可溶于盐酸，但程度不同。碳酸盐矿物为离子晶格，一般大多无色或白色，非金属光泽。因含一些致色离子而呈现不同的颜色，如含 Cu 者呈鲜绿或鲜蓝色，含 Mn 者呈玫瑰红色，含 Co 者呈淡红色，含 U 者呈黄色。碳酸盐类矿物硬度一般约为 3，稀土碳酸盐矿物可达 4.5。碳酸盐类矿物具内生、外生、生物 3 种成因，其中以外生成因分布最广泛。

化学组成，络阴离子为 CO_3^{2-}，附加阴离子主要为 OH^-，其次有 F^-、Cl^-、O^{2-}、SO_4^{2-}、PO_4^{3-} 等，一些矿物尚有结晶水。阳离子有 20 余种：惰性气体型离子（Ca、Mg、Sr、Ba、Na、K、Al）；过渡型离子（Mn、Fe、Co、Ni）；铜型离子（Cu、Zn、Cd、Pb、Bi、Te）；稀土元素 Y、La、Ce 的离子；放射性元素 Th、U 等的离子。其中最主要的是 Ca^{2+}、Mg^{2+}，其次是 Fe^{2+}、Mn^{2+}、Na^+，以及 Ba^{2+}、Sr^{2+}、Cu^{2+}、Zn^{2+}、Pb^{2+}、TR^{3+} 等。阳离子类质同象替代普遍，而且复杂（R^{2+} 半径相近），仅 Ca^{2+}、Mg^{2+} 半径（分别为 0.106 nm、0.078 nm）相差较大，不能形成类质同象，而形成复盐 $CaMg[CO_3]_2$。与 CO_3^{2-} 结合的多为半径较大或中等、电价不太高的 R^{2+}，主要为 Ca^{2+}、Mg^{2+}、Fe^{2+}、Mn^{2+}、Ba^{2+}、Sr^{2+}、Pb^{2+}、Zn^{2+} 等，能形成较稳定的无水碳酸盐。对于半径不大、极化能力强的二价铜型离子 Cu^{2+}、Zn^{2+}，常形成含 OH^- 的碱式碳酸盐，如孔雀石 $Cu_2[CO_3](OH)_2$，蓝铜矿 $Cu_3[CO_3]_2(OH)_2$，水锌矿

Zn_5 $[CO_3]_2$ $(OH)_6$。对于一价阳离子，主要为 Na^+，往往形成易溶于水的含结晶水碳酸盐，如苏打 Na_2 $[CO_3]$ $\cdot 10H_2O$，水碱 Na_2 $[CO_3]$ $\cdot H_2O$。有时尚有 H^+，如天然碱 Na_3H $[CO_3]_2 \cdot 2H_2O$。对于三价金属阳离子，主要是 TR^{3+}，往往形成含附加阴离子 F^- 的无水碳酸盐，如氟碳铈矿 (Ce, La) $[CO_3]$ F。化学键：CO_3^{2-} 平面三角形内共价键，团外离子键。结构类型、对称性：方解石型，三方晶系；文石型，斜方晶系；过渡型——钡解石，单斜晶系。晶变：以 Ca 为界限，半径小于 Ca——方解石型结构，半径大于 Ca——文石型结构。

2. 硫酸盐矿物概述

硫酸盐矿物的金属阳离子主要有 Mg^{2+}、Ca^{2+}、Na^+、Fe^{3+}、K^+、Ba^{2+}、Sr^{2+}、Pb^{2+}、Al^{3+}、Cu^{2+}。阴离子除 SO_4^{2-} 外有时还有 OH^- 等附加阴离子。此外许多硫酸盐矿物中存在结晶水。物理性质特征是：硬度低，通常在 $2 \sim 3.5$ 之间；相对密度一般不大，在 $2 \sim 4$ 左右，含 Ba 和 Pb 的矿物可达 $4 \sim 7$；一般呈无色或白色，含铁者为黄褐色或蓝绿色，含铜者呈绿色，含锰或钴者呈红色。

3. 磷酸盐矿物概述

磷酸盐矿物的金属阳离子主要有 Ca^{2+}、Al^{3+}、Pb^{2+}、Cu^{2+}、Fe^{2+}、Fe^{3+}、Mn^{2+} 及稀土元素离子等。此外还常存在 UO_2^{2+} 络阳离子。阴离子除 PO_4^{3-} 外常存在附加阴离子如 OH^-、F^-、Cl^-、O^{2-} 等。同时有半数左右矿物含 H_2O 分子，尤其是含 UO_2^{2+} 的矿物均为含水化合物。在物理性质方面的变化范围也较大：大多数矿物具有低的或中等的硬度，只有无水磷酸盐矿物可有较高的硬度；相对密度的变化范围很大；含 Fe、Mn、Cu、U 等的矿物均出现较为鲜艳的颜色。

4. 硼酸盐矿物概述

硼酸盐矿物的金属阳离子主要有 Mg^{2+}、Ca^{2+}、Na^+、Fe^{2+}、Fe^{3+}、Mn^{2+}。大多数硼酸盐矿物含水分子和羟离子 OH^-。晶体结构中除 $[BO_3]^{3-}$ 三角形外，还可存在 BO_4^{5-} 四面体络阴离子。大部分硼酸盐矿物呈白色或无色，只有含 Fe、Mn 等元素时呈深色至黑色；硬度变化范围较大，但大部分属低硬度和中等硬度；绝大部分相对密度在 4 以下，其中有半数在 2.5 以下。

5. 硝酸盐矿物概述

硝酸盐矿物的阳离子为 Na^+、K^+、NH_4^+、Mg^{2+}、Ca^{2+}、Ba^{2+}、Cu^{2+}，阴离子除硝酸根外，少数还有 OH^- 或结晶水。晶体结构中存在 NO_3^- 三角形络阴离子，较一般阴离子大，与半径较大的阳离子结合形成无水化合物，而与较小的二价阳离子形成含水化合物。硝酸盐矿物一般呈无色透明或白色，只有当阳离子为 Cu 时才表现为绿色；相对密度一般偏低，在 $1.5 \sim 3.5$ 之间；硬度一般也偏低，在 $1.5 \sim 3.0$ 之间；

溶解度大。

　　6. 钨、钼、铬酸盐矿物

　　钨、钼、铬酸盐矿物的金属阳离子主要有 Ca^{2+}、Pb^{2+}，它们形成无水化合物；半径较小的 Cu^{2+}、Al^{3+} 等，则在它们的钨、钼、铬酸盐中同时存在附加阴离子 OH^- 或水分子。钨、钼、铬酸盐矿物的相对密度都较大，硬度一般不高，含水者则很低；颜色除钨铅矿为深色外，其余多为浅色。

　　三、主要内容

　　1. 了解碳酸盐及其他含氧盐矿物的分类依据，了解它们的化学成分及结构特点。
　　2. 结合成分和结构特征，分析了解碳酸盐及其他含氧盐矿物的形态及物性等特征。
　　3. 掌握常见碳酸盐及其他含氧盐矿物的外观鉴定特征。
　　（1）碳酸盐矿物。主要有方解石、菱镁矿、菱铁矿、菱锰矿、菱锌矿、白云石、文石、孔雀石、蓝铜矿等。

名称：孔雀石（Malachite）	化学式：$Cu_2[CO_3](OH)_2$
硬度：3.5～4	相对密度：4.0～4.5

　　单斜晶系。晶体少见，通常沿c轴呈柱状、针状或纤维状。集合体呈晶簇状、肾状、葡萄状、皮壳状、充填脉状、粉末状、土状等。在肾状集合体内部具有同心层状或放射纤维状的特征，由深浅不同的绿色至白色组成环带。土状孔雀石称为铜绿（或称石绿）。
　　一般为绿色，但色调变化较大，从暗绿、鲜绿到白色；浅绿色条痕；透明。玻璃至金刚光泽，纤维状者呈丝绢光泽。

名称：方解石（Calcite）	化学式：Ca[CO₃]
硬度：3	相对密度：2.6～2.9

　　三方晶系。常见完好晶体。形态多种多样，不同聚形晶达600种以上。集合体形态也是多种多样的，有片状（板状）或纤维状层解石和纤维方解石，致密块状（石灰岩），粒状（大理岩），土状（白垩），多孔状（石灰华），钟乳状（石钟乳）和鲕状、豆状、结核状、葡萄状、被膜状及晶簇状等。

　　无色（冰洲石）或白色，含Fe，Co，Mn，Cu等元素时分别呈褐黑、浅黄、浅红、浅绿等色调；条痕白色；玻璃光泽；透明至半透明；性脆；具发光性；遇冷稀HCl剧烈起泡。

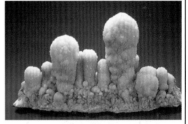

名称：菱镁矿（Magnesite）	化学式：$Mg[CO_3]$
硬度：3.5～4.5	相对密度：2.98～3.48

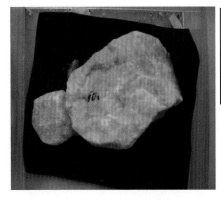

三方晶系。菱面体状、短柱状或复三方偏三角面体状。常呈粒状、土状、致密块状集合体。

白色，富Fe者呈黄褐色，含Co者呈淡红色；条痕白色；玻璃光泽；透明至半透明。致密块状者具贝壳状断口。富Ni的翠绿色亚种称"河西石"。粉末加冷HCl不起泡或缓慢起泡。

名称：菱铁矿（Siderite）	化学式：$Fe[CO_3]$
硬度：3.5～4.5	相对密度：3.96

三方晶系。菱面体单晶常见，晶面多弯曲。集合体呈粒状、土状、结核状。

黄至褐色；条痕灰白色；玻璃光泽；透明至半透明。氧化后为褐色，菱面体解理，粉末加冷HCl缓慢起泡，灼烧后的残渣显磁性。

名称：菱锰矿（Rhodochrosite）	化学式：Mn[CO₃]
硬度：3.5～4.5	相对密度：3.6～3.7

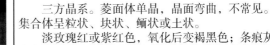

　　三方晶系。菱面体单晶，晶面弯曲，不常见。集合体呈粒状、块状、鲕状或土状。
　　淡玫瑰红或紫红色，氧化后变褐黑色；条痕灰白色；玻璃光泽；透明至半透明；性脆；粉末加冷HCl缓慢起泡。

名称：白云石（Dolomite）	化学式：CaMg[CO₃]₂
硬度：3.5～4	相对密度：2.85

　　三方晶系。晶体常呈菱面体，晶面常弯曲呈马鞍状，镜下见马鞍形者具晶畴相嵌结构。集合体常呈粒状或致密块状，有时呈多孔状或肾状。
　　无色或白色，含Fe者呈黄褐色，含Mn者略显红色；玻璃光泽；透明；解理面常弯曲；性脆。

名称：文石（Aragonite）	化学式：Ca[CO₃]
硬度：3.5～4.5	相对密度：2.9～3.3

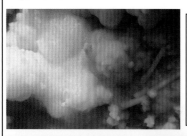

　　斜方晶系。晶体常为柱状、矛状，但较少见。集合体常呈纤维状、柱状、晶簇状、皮壳状、钟乳状、珊瑚状、鲕状、豆状和球状等。软体动物的贝壳内壁珍珠质部分是由极细的片状文石沿着贝壳面平行排列而成。

　　通常为白、黄白色，有时呈浅绿、灰色，还可见红、蓝等色；透明；玻璃光泽，断口为油脂光泽。无解理，或有时见{010}不完全至中等解理；贝壳状断口。

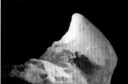

名称：蓝铜矿（Azurite）	化学式：Cu₃[CO₃]₂(OH)₂
硬度：3.5～4	相对密度：3.7～3.9

　　单斜晶系，晶体常呈短柱状、柱状或厚板状，集合体为致密块状、晶簇状、放射状、土状或皮壳状、薄膜状等。

　　深蓝色，土状块体呈浅蓝色；浅蓝色条痕；晶体呈玻璃光泽，土状块体呈土状光泽；透明至半透明。解理{011}、{100}完全或中等，贝壳状断口，性脆。

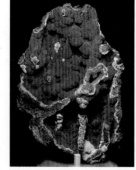

（2）硫酸盐矿物。主要有重晶石、天青石、硬石膏、石膏、明矾石等矿物。

名称：重晶石（Barite）	化学式：Ba[SO₄]
硬度：3～3.5	相对密度：4.3～4.5

斜方晶系。板状，有时呈柱状，少数为粒状。

纯净晶体无色透明，一般呈灰白、浅黄、淡褐色；玻璃光泽；解理面呈珍珠光泽。解理{001}完全，{210}中等。解理夹角$(001)\wedge(210)=90°$，$(210)\wedge(2\bar{1}0)>90°$。

名称：天青石（Celestite）	化学式：Sr[SO₄]
硬度：3～3.5	相对密度：3.9～4

斜方晶系。呈板状，有时呈柱状，少数为粒状。

淡天蓝色，暴露于天光中可退至白色；玻璃光泽，解理面珍珠光泽。解理{001}完全，{210}中等。以淡天蓝色、相对密度较小，HCl浸湿灼烧成深紫色（锶的焰色）区别于重晶石。

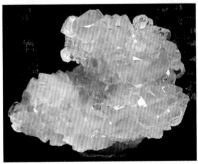

名称：石膏（Gypsum）	化学式：$Ca[SO_4] \cdot 2H_2O$
硬度：1.5～2	相对密度：2.3

　　单斜晶系。呈板状，也有的呈粒状；晶面{110}及{010}常具纵纹。双晶常见，如加里双晶或称燕尾双晶，巴黎双晶或称箭头双晶。集合体多呈致密块状或纤维状。细晶粒状块体称之为雪花石膏；纤维状的集合体称为纤维石膏。由扁豆状晶体所形成的似玫瑰花状集合体较少见。此外，还有土状、片状集合体。

　　白色及无色，无色透明晶体称透石膏，因含杂质而呈灰、浅黄、浅褐等色；条痕白色；透明；玻璃光泽，解理面呈珍珠光泽，纤维状集合体呈丝绢光泽。解理薄片具挠性，性脆。

 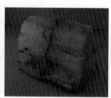  

名称：硬石膏（Anhydrite）	化学式：$Ca[SO_4]$
硬度：3～3.5	相对密度：2.8～3.0

　　斜方晶系。粒状或厚板状晶体。多呈纤维状、致密粒状或隐晶块状集合体。

　　无色或白色，常微带浅蓝、浅灰或浅红色，被铁的氧化物或粘土等染成红色或灰色；条痕白或浅灰白色；晶体无色透明；玻璃光泽，解理面呈珍珠光泽。

 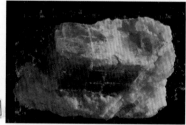

名称：明矾石（Alunite）	化学式：$KAl_3[SO_4]_2(OH)_6$
硬度：3.4～4	相对密度：2.6～2.8

　　三方晶系。晶体较少见，出现时呈细小的假聚面体或假立方体。通常为粒状、致密块状、土状或纤维状、结核状等。

　　白色，常带灰色，浅黄或浅红色调；条痕白色；透明；玻璃光泽，解理面有时显珍珠光泽。贝壳状断口，致密块状集合体断口不平至贝壳状。性脆。明矾石加硝酸钴溶液灼烧时呈蓝色（Al的反应）；加酸不起泡。

　　（3）磷酸盐矿物。主要有磷灰石、独居石、绿松石等矿物。

名称：磷灰石（Apatite）	化学式：$Ca_5[PO_4]_3(F, Cl, OH)$
硬度：5	相对密度：3.18～3.21

　　六方晶系。常呈柱状、短柱状、厚板状或板状晶形。集合体呈粒状，致密块状。

　　无色透明，含杂质而呈浅绿色、黄绿色、褐红色、浅紫色，含有机质则染成深灰至黑色；白色条痕；玻璃光泽，断口呈油脂光泽；解理{0001}不完全。加热后常可出现磷光。性脆。

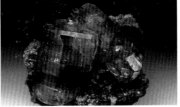

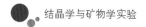

名称：独居石（Monazite）	化学式：（Ce，La，Nd）［PO₄］
硬度：5～5.5	相对密度：4.9～5.5

单斜晶系。常呈板状。

棕红色，黄褐色，有时呈黄绿色；白色条痕；油脂光泽；透明。性脆。因含Th、U而具放射性。紫外光下发绿色荧光。

名称：绿松石（Turquoise）	化学式：$CuAl_6[PO_4]_4(OH)_8 \cdot 4H_2O$
硬度：5～6（瓷松），3～4.5（风化后，面松）	相对密度：2.6～2.8

三斜晶系。偶见柱状晶体，多为致密块状或隐晶质集合体。

天蓝色，Fe^{3+}含量增加时呈黄绿色，阳光或加热可褪色；白色条痕；蜡状光泽。

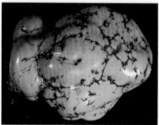

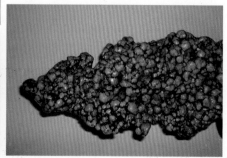

（4）钨酸盐矿物。

名称：白钨矿（Scheelite）	化学式：Ca[WO$_4$]
硬度：4.5～5.0	相对密度：5.8～6.2

四方晶系。晶体常呈四方双锥，也有的呈板状。集合体多呈不规则粒状，较少呈致密块状。

白色、黄白、浅紫等；油脂光泽或金刚光泽；透明至半透明。解理{111}中等；断口参差状。性脆。在紫外光照射下发浅蓝色至黄色的荧光（依Mo的含量而定，Mo增加，荧光变浅黄至白）。

四、注意事项

1. 方解石和文石因颗粒过细而难以识别它们的解理时，可以采用重液法来区分：将矿物置于三氯甲烷中，文石下沉，方解石漂浮。或在硝酸钴溶液中煮沸，方解石粉末只微带青色，文石则呈红色或紫色。

2. 方解石、菱镁矿和白云石外观上较难区分时，可用盐酸反应来区别：方解石遇冷盐酸即剧烈起泡，白云石遇冷盐酸只微弱起泡，菱镁矿则与冷盐酸不起反应。

3. 天青石与重晶石，可用焰色反应来区分：将矿物小片置于火焰上灼烧，天青石的火焰呈深红色，而重晶石呈黄绿色。

4. 对于不易识别的磷酸盐矿物与相似矿物的区分，可用 HNO$_3$ 滴于其上，再加少许钼酸铵粉末，如白色粉末变为黄色，说明有磷存在。

5. 白钨矿与石英、长石相似，可从相对密度差别较大进行区分，当相对密度无法估测时，还可利用白钨矿的发光性来区分（紫外光下，白钨矿发蓝白色荧光）。

实验十八　卤化物矿物

一、目的和要求

1. 熟悉卤化物矿物的形态和物理性质，了解其成分和结构特点。
2. 掌握常见的卤化物矿物的鉴定特征。

二、理论知识要点

本大类矿物为卤素阴离子与金属阳离子结合而成的化合物，约有 100 余种。其中以氟化物和氯化物矿物为主，溴化物和碘化物矿物极少见。

1. 化学成分

阴离子：F^-，Cl^-，Br^-，I^-，少数具附加阴离子 OH^- 和 H_2O 分子。阳离子：惰性气体型离子（K^+，Na^+，Ca^{2+}，Mg^{2+}，Al^{3+}）；某些极少见卤化物为铜型离子（Ag^+，Cu^{2+}，Pb^{2+}，Hg^{2+}）。类质同象替代一般很有限，除上述元素间替代外，其它较常见的替代元素为 Rb^+，Cs^+，Sr^{2+}，Y^{3+}，TR^{3+}。

2. 形态与物性

由于本大类矿物多属氯化钠型或萤石型，对称程度高，故常呈三向等长型单晶体。集合体多呈粒状或块状，少数为皮壳状集合体，如角银矿。其中半径较小的 F^-（0.123 nm）常与半径相对较小的阳离子（Ca^{2+}、Mg^{2+}、Al^{3+} 等）形成稳定的化合物，这些化合物溶点和沸点高，溶解度低，硬度较大；而半径较大的 Cl^-（0.172 nm）、Br^-（0.188 nm）、I^-（0.213 nm）往往与离子半径较大的阳离子 Na^+、K^+、Rb^+、Cs^+ 等化合，这些化合物溶点和沸点低，易溶于水，硬度小。

卤化物所形成的化合物类型为 AX 和 AX_2 型，结构也比较简单。主要有氯化钠型、萤石型。由惰性气体型离子组成的离子键卤化物一般无色透明，具玻璃光泽，相对密度小或中等，导电性差铜型离子的共价键卤化物一般为浅色，透明度下降，金刚光泽，相对密度大，导电性增强，具延展性（如角银矿）。

3. 成因和产状

1. 氟化物。主要为热液成因。
2. 氯化物（及 Br^-、I^- 的化合物）。主要形成于外生沉积作用中。K^+、Na^+ 等的化合物，在干旱的内陆盆地、泻湖海湾环境，易形成大量的沉积和富集。

三、主要内容

1. 分析卤化物矿物的形态和物理性质，理解其成分特点。
2. 掌握常见卤化物矿物的鉴定特征，主要为萤石和石盐。

名称：萤石（Fluorite）	化学式：CaF_2	
硬度：4	相对密度：3.18	熔点：1270～1350 ℃

等轴晶系。晶体常呈立方体、八面体、菱形十二面体。立方体晶面常出现与棱平行的嵌木地板式条纹。常依{111}成穿插双晶。集合体呈晶粒状、块状、球粒状，偶尔见土状块体。

常呈绿、蓝、紫或无色，几乎所有颜色都可能出现，加热可褪色；条痕白色；玻璃光泽。解理{111}完全。性脆。具荧光性，某些变种具磷光性。

名称：石盐（Halite）	化学式：NaCl	
硬度：2.5	相对密度：2.1～2.2	熔点：804 ℃

等轴晶系。常见晶形为立方体{100}，其次为八面体{111}与立方体{100}的聚形，偶见有完好的八面体。有时可看到漏斗状的立方体骸晶。集合体呈粒状、致密块状或疏松盐华状。

无色透明者少，因含杂质而呈黄、紫、红、蓝、灰、褐色等；玻璃光泽，受风化后呈油脂光泽。解理{100}完全。性脆。易溶于水，有咸味。烧之呈黄色火焰。

四、注意事项

1. 注意区分石盐和钾石盐，除了味觉上的差异，焰色反应也可用来区别。将小块矿物放在酒精灯上灼烧，透过蓝玻璃观察，石盐呈现浓黄色焰色反应，钾石盐呈紫色焰色反应。

2. 注意观察萤石的晶形及双晶特征。

主要参考文献

［1］张恩，彭明生. 结晶学与矿物学实验指导书［M］. 北京：地质出版社，2007.

［2］罗谷风. 基础结晶学与矿物学［M］. 南京：南京大学出版社，1993.

［3］潘兆橹. 结晶学及矿物学［M］. 北京：北京地质出版社，1993.

［4］赵珊茸，边秋娟，凌其聪［M］. 北京：高等教育出版社，2004.

［5］秦善，王长秋. 矿物学基础［M］. 北京：北京大学出版社，2006.

［6］李胜荣. 结晶学与矿物学［M］. 北京：地质出版社，2008.

［7］陈平. 结晶矿物学［M］. 北京：化学工业出版社，2005.

［8］王宇林，高玉娟，杨仁超，闫平科，曲国娜. 矿物学［M］. 徐州：中国矿业大学出版社，2014.

［9］唐洪明. 矿物岩石学［M］. 北京：石油工业出版社，2007.

［10］朱健廷. 岩石和矿物［M］. 北京：中国农业出版社，2012.

［11］中华人民共和国地质部地质博物馆. 中国矿物［M］. 上海：上海科学技术出版社，1980.

［12］赵明. 矿物学导论［M］. 北京：地质出版社，2010.

［13］戈定夷，田慧新，曾若谷. 矿物学简明教程［M］. 北京：地质出版社，1988.

［14］刘显凡，孙传敏. 矿物学简明教程［M］. 北京：地质出版社，2010.